高等教育土建类 "十三五" 重点规划教材

居住空间虚拟设计

罗晓良　　潘春亮　　高华锋　　主编

JUZHU KONGJIAN
XUNISHEJI

化学工业出版社

·北京·

本书共5章，重点介绍业务洽谈、预约量房、方案设计和施工图绘制四大任务，将实际项目案例贯穿任务始终。其中，业务洽谈主要是通过角色扮演的方式，让读者掌握业务洽谈的内容、洽谈的沟通技巧以及沟通要素，为预约量房奠定良好的基础。预约量房主要是借助VR技术，通过在虚拟场景中进行量房过程操作及考核，让读者掌握量房的内容及方法。方案设计主要是通过VR技术介绍居住空间界面设计、设计风格、家具与陈设、照明设计、室内水、电设备工程等，培养读者空间想象能力与设计方案表现能力。施工图绘制主要介绍装饰施工图制图规范、装饰材料与构造、水电路图绘制的基本理论，并结合实际项目案例，完成标准施工图纸。

本书适合建筑装饰工程技术、建筑室内设计、环境艺术设计、环境设计等专业师生使用，家装行业也可以参考。

图书在版编目（CIP）数据

居住空间虚拟设计 / 罗晓良，潘春亮，高华锋主编
. —北京：化学工业出版社，2019.8
高等教育土建类"十三五"重点规划教材
ISBN 978-7-122-34558-5

Ⅰ. ①居… Ⅱ. ①罗… ②潘… ③高… Ⅲ. ①室内装饰设计—高等学校—教材 Ⅳ. ① TU238.2

中国版本图书馆 CIP 数据核字（2019）第 101724 号

责任编辑：吕佳丽　　　　　　　　装帧设计：张　辉
责任校对：杜杏然

出版发行：化学工业出版社（北京市东城区青年湖南街 13 号　邮政编码 100011）
印　　装：北京缤索印刷有限公司
787mm×1092 mm　1/16　印张9　字数190千字　2019 年 9 月北京第 1 版第 1 次印刷

购书咨询：010-64518888　　　　　　售后服务：010-64518899
网　　址：http://www.cip.com.cn
凡购买本书，如有缺损质量问题，本社销售中心负责调换。

定　　价：49.00 元

编审委员会名单

编写人员名单

主　编　罗晓良　重庆工商职业学院
　　　　潘春亮　潍坊职业技术学院
　　　　高华锋　广联达科技股份有限公司
副主编　侯志杰　潍坊职业技术学院
　　　　王一鸣　河南建筑职业技术学院
　　　　张灵梅　重庆工商职业学院
　　　　李东锋　广东工程职业技术学院
　　　　张国华　首钢工学院
　　　　杨　明　广联达科技股份有限公司
参　编　（排名不分先后）
　　　　杨　一　河南建筑职业技术学院
　　　　杨　扬　河南建筑职业技术学院
　　　　毛雪雁　河南建筑职业技术学院
　　　　王　婷　徐州技师学院
　　　　伍　岳　展视网（北京）科技有限公司
　　　　欧彩霞　东易日盛家居装饰集团股份有限公司
　　　　杨剑民　赤峰工业职业技术学院
　　　　王　磊　赤峰交通职业技术学院
　　　　张玉梅　兴安职业技术学院
　　　　胡小玲　广西电力职业技术学院
　　　　梁慧慧　山东商务学院
　　　　吴轶弢　上海市西南工程学校
　　　　徐广浩　天津美术学院

前言
PREFACE

伴随着 BIM 技术、大数据、云计算、虚拟现实技术（以下简称 VR 技术）、装配式等新技术的发展，互联网家装、互联网整装、菜单式家装、全屋定制、装配式整装等新型家装模式不断出现，家装行业逐渐从萌芽期走向成长期，由轻模式逐渐向重服务升级和变革。家装行业的变革既是技术的变革，更是人才需求的变革，从设计、施工到运营都需要专业人才作为坚实的后盾。

居住空间设计是建筑装饰工程技术、建筑室内设计、环境艺术设计、环境设计等专业人才培养核心的课程之一，与室内设计师的职业岗位能力相对应。本书集理论与实践于一体，着眼于行业发展新趋势，坚持"以能力为本位"的指导思想，以装饰业务流程为主线，以培养学生表现能力为目标，为培养综合技能型人才提供有力保障。

本书基于室内设计师的岗位能力需求和高等院校复合型人才培养，以项目化、模块化、系统化课程体系为主导，以企业真实案例为基础，以 VR 技术为教学辅助，编写内容以实践应用为主、以理论为辅，力求让读者直观、系统、全面地掌握室内设计师的业务流程和相关设计理论。

本书共 5 章，重点介绍业务洽谈、预约量房、方案设计和施工图绘制四大任务，将实际项目案例贯穿任务始终。其中，业务洽谈主要是通过角色扮演的方式，让读者掌握业务洽谈的内容、洽谈的沟通技巧以及沟通要素，为预约量房奠定良好的基础。预约量房主要是借助 VR 技术，通过在虚拟场景中进行量房过程操作及考核，让读者掌握量房的内容及方法。方案设计主要是通过 VR 技术介绍居住空间界面设计、设计风格、家具与陈设、照明设计、室内水、电设备工程等，培养读者空间想象能力与设计方案表现能力。施工图绘制主要介绍装饰施工图制图规范、装饰材料与构造、水电路图绘制的基本理论，并结合实际项目案例，完成标准施工图纸。

附录一主要是用 VR 技术进行中小户型方案设计的实操训练，附录二是客户交流记录单。

本书配套图纸见《居住空间设计施工图集》(高华锋主编)。

居住空间设计 +VR 技术是一门综合性较强的学科。本书的编写得到了相关行业企业、院校等多方面的大力支持，为编者提供了大量的实际项目案例、资源、素材等，在此一并表示真挚的谢意！

本书是编者在总结多年教学经验和实践经验的基础上编写而成的。由于编者能力有限，不完善之处在所难免，希望相关专家和广大读者提出宝贵意见，以对室内设计人才的培养起到积极作用，为读者们带来更多帮助。VDP 虚拟现实设计师交流（QQ）群为 228056671，读者可加入交流群。

编者

2019 年 6 月

目录
CONTENTS

3　预约量房

4　方案设计

5 施工图绘制

附录一 综合实训

附录二 客户交流记录单

参考文献

1 绪 论

居住空间和人们的生活联系紧密，是人们基本生活要素之一。随着社会经济的发展，居住空间由最原始的天然岩洞演变到现在种类繁多的各式住宅。但无论居住空间的形式怎样变化和发展，它的基本内涵是不变的：它是人类的住所。人的一生中绝大部分时间是在室内度过的，因此，人们设计创造的室内环境必然会直接关系到室内生活、生产活动的质量，关系到人们的安全、健康、效率、舒适。室内环境设计应该把保障安全和利于人们的身心健康作为首要前提。人们对于室内环境除了有使用功能、冷暖光照功能等物质方面的要求，还有对建筑物的类型、室内环境氛围、风格等精神功能方面的要求。

由于人们长时间活动于室内，因此现代室内设计（或称室内环境设计）是环境设计中和人们关系最为密切的环节之一。从宏观来看，室内设计的艺术风格往往能从侧面反映一个时期社会物质和精神生活的特征。室内设计的发展总是具有时代的印记，这是由于室内设计从设计构思、施工工艺、装饰材料到内部设施，都与当时的物质生产水平、社会文化和精神生活状况联系在一起。在室内空间组织、平面布局和装饰处理等方面，也与当时的哲学思想、美学观点、社会经济、民俗民风等密切相关；从设计作品而言，室内设计水平的高低、质量的优劣又与设计者的专业素质和文化艺术素养等联系在一起；至于各个单项设计最终实施后的成果，又和该项工程具体的施工技术、用材质量、设施配置情况，以及与建设者（即业主）的沟通密切相关，即设计是具有决定意义的最关键的前提条件，但最终的结果和质量有赖于设计、施工、用材（包括设施），以及与业主关系的整体协调。

1.1 居住空间室内设计的概念

居住建筑是人类社会最早出现的建筑类型。随着社会生产的发展和生活内容的增加，逐渐形成了各式各样的居住建筑。尤其是工业革命后，城市住宅发生了很大变化，并联式、联排式、公寓式住宅和高层住宅迅速发展。第二次世界大战以后，人体工程学、环境行为学等新兴学科的研究成果逐步应用于建筑与室内设计中，居住建筑进入了一个技术先进、设计科学的新阶段。现今时代，随着社会结构、家庭结构以及人们工作方式、生活方式的变化，住宅形式也日益多样化，呈现出多元化发展的态势。

1.1.1 居住空间室内设计的定义

室内设计是将人们的环境意识与审美意识相结合，从建筑内部把握空间进行设计的一项活动。室内设计是根据室内的使用性质和所处环境，运用物质材料、工艺技术及艺术手段创造出功能合理、舒适美观、符合人的生理、心理需求的内部空间，赋予使用者愉悦的，便于生活、工作、学习的理想的居住与工作环境（图1-1）。

室内设计构思时，需要运用物质技术手段，即各类装饰材料和设施设备等；还需要遵循建筑美学原理，这是因为室内设计的艺术性，除了有与绘画、雕塑等艺术之间共同的美学法则（如对称、均衡、比例、节奏）之外，更需要综合考虑使用功能、结构施工、材料设备、造价标准等多种因素。建筑美学总是和实用、技术、经济等因素联系在一起，这是它有别于绘画、雕塑等纯艺术的差异所在（图1-2）。

图 1-1　客厅效果图　　　　　　　　图 1-2　居住空间效果图

现代室内设计既有很高的艺术性要求，设计内容又有很高的技术含量，并且与一些新兴学科，如人体工程学、环境心理学、环境物理学等关系极为密切。现代室内设计已经从环境设计专业中发展成为独立的新兴学科。

1.1.2　居住空间室内设计的内容

室内设计的内容主要涉及界面空间形状、尺寸，室内的声、光、电和热，物理环境以及室内空气环境等因素。室内设计师不仅要掌握室内环境的诸多客观因素，更要全面了解和把握室内设计的具体内容。

（1）室内空间形象设计　根据建筑室内空间的使用性质，总体规划各功能空间的尺寸与比例，解决空间与空间之间的衔接、对比与统一等关系问题。

（2）室内装饰装修设计　针对室内的空间规划，在合理使用室内功能空间的基础上，根据人们对建筑使用功能的要求，进行室内平面功能的分析和有效的布置，对地面、墙面、顶棚等各界面和建筑构件进行装饰设计（图1-3）。

（3）室内物理环境的设计　在建筑室内空间中，要充分考虑室内良好的采光、通风、照明和音质效果等方面的设计处理，并充分协调室内空间环境中水、电等设施及设备的安装,使其布局合理。

(4)室内陈设艺术设计 室内陈设艺术设计是指在建筑室内空间环境中进行家具、灯具、陈设艺术品以及绿化等方面规划和处理。其目的是使人们在室内环境工作、生活、休息时感到心情愉快、舒畅。

图1-3 客厅效果图

1.1.3 居住空间设计的原则

(1)功能性设计原则 这一原则的要求是让室内空间、装饰装修、物理环境、陈设绿化最大限度地满足功能所需,并使其与功能和谐统一。

(2)经济性设计原则 就是以最小的消耗达到所需的目的。设计方案要为大多数消费者所接受,必须在"代价"和"效用"之间谋求一个均衡点,但要注意的是降低成本不能以损害施工质量为代价。

(3)美观性设计原则 追求美是人的天性,然而美是一种随时空而变化的概念,所以在设计中美的标准和目的也会大不相同。我们既不能因强调设计在文化和社会方面的使命及责任而不顾及商业的特点,也不能把美庸俗化,这需要有一个适当的平衡(图1-4)。

(4)以人为本原则 居住室内设计应充分体现现代人的生活模式,以人为中心,充分尊重和满足人们各种物质需求和精神需求,更多地体现人文关怀,为人们的居家生活提供安全、方便、舒适、愉快、高质量的空间环境。

(5)个性化与多样性原则 居住空间有很多共性要素,但不同家庭在日常生活中还存在着许许多多的个性差异要素,这些个性差异要素直接影响到人们对居住空间的物质需求与精神需求。因此,在设计中必须紧密结合业主的个性特点和具体需求,创造具有个性特征的居住环境,使人们的生活更加丰富多彩(图1-5)。

图1-4 餐厅效果图

图1-5 陈设效果图

（6）可持续发展原则　随着人们对环境保护、绿色健康等意识的增强，在居室装饰设计中逐渐形成以可持续发展为指导思想，在以人为本的基础上，合理利用自然资源，积极使用绿色环保材料，营造具有舒适、健康生活环境的建筑模式。

1.1.4　居住空间设计的分类

（1）按居住者的类别分类　一般住宅、高级住宅、青年公寓、老年公寓、集体宿舍等。

（2）按建筑高度分类　低层住宅（1～3层）、多层住宅（4～6层）、中高层住宅（7～9层）、高层住宅（10层以上）等。

（3）按房型分类

①单元式住宅　也叫梯间式住宅，是多、高层住宅中应用范围最广的一种住宅建筑形式，按单元设置楼梯，住户由楼梯平台进入分户门。

②公寓式住宅　一般建在大城市里，多数为高层楼房，标准较高，每一层内有若干单户独用的套房，有的附设于旅馆酒店之内，供一些常住客商及其家属短期租用。

③花园式住宅　也称别墅，一般是带有花园和车库的独院式平房或二三层小楼，内部居住功能完备，装修豪华并富有变化。

④错层式住宅　是指一套室内地面不处于同一标高的住宅，一般把房内的客厅与其他空间以不等高形式错开，高度不在同一平面上，但房间的层高是相同的（图1-6）。

⑤跃层式住宅　是指一套占有两个楼层，上下层之间不通过公共楼梯而采用户内独用小楼梯连接的住宅。

⑥复式住宅　一般是指每户住宅在较高的楼层中增建一个夹层，两层合计的层高要

图1-6　错层住宅

大大低于跃层式住宅，其下层供起居用，如炊事、进餐、洗浴等，上层供休息和贮藏用。

（4）按户型分类

①一居室　属于典型的小户型。特点是在很小的空间里要合理地安排多种功能活动，生活人群一般为单身一族。

②两居室　是一种常见的小户型。一般有两室一厅、两室两厅两种户型，方便实用，生活人群一般为新组建家庭。

③三居室　是较大户型。主要有三室一厅、三室两厅两种户型，功能要求较全。

④多居室　属于典型的大户型。是指卧室数量超过四间（含四间）以上的住宅居室套型。

1.2 居住空间室内设计的发展趋势

1.2.1 居住空间室内设计行业的发展

（1）设计　在设计方面，虚拟现实将广泛运用，室内装饰设计充分考虑居住者的人性化、个性化特点，使美学效果与人的生活空间完美结合。同时，设计的逐步统一化和标准化，方便施工，且充分满足人们对节能、低碳、环保、舒适、美观的居住环境需求（图1-7）。

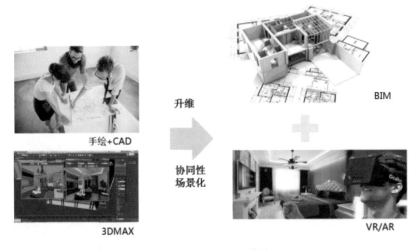

图1-7　设计行业的转型

（2）材料　全装修材料和设备将会逐步大规模集团化制造，材料加工上逐渐推行统一化、标准化和经济性。

（3）施工　随着装配式建筑技术的发展，推行装配式室内装修能够贯彻建筑节能和可持续发展的要求。主要装修部件、部品、材料的工业化生产，可实现高度标准化、模数化、集成化和通用化，现场则依照标准化程序装配安装完成，这种高度体系化的精装修模式最终可以实现装修的工业化大规模生产（图1-8）。

图1-8　集成地面系统

1.2.2 室内设计行业对人才的要求

（1）良好的沟通表达能力 包括与业主前期的沟通，对信息的收集与分析，对设计方案的表达以及在施工过程中的沟通协调能力。

（2）良好的电脑操作能力 具有计算机操作基础并熟练掌握 AutoCAD、3D MAX、VRAY 等软件的操作。

（3）良好的室内设计基础 具有素描、色彩、速写、手绘等效果图绘制、模型制作的能力，以及平面构成、立体构成、色彩构成等方面的能力。

（4）良好的室内设计理论 了解中外建筑史、各种时期的设计风格、人体工程学、色彩心理学、空间规划等等。

（5）良好的相关学科基础 掌握物理、化学、电工、声学、应用力学、心理学、哲学（包括逻辑学）、预算学、公共关系学等边缘学科的基础知识。

（6）良好的装饰施工基础 掌握木工、泥水工、水电工、油漆工等基础知识。

1.2.3 VR 技术在家装行业的应用

VR（Virtual Reality），即虚拟现实，是仿真技术与计算机图形学人机接口技术、多媒体技术、传感技术、网络技术等多种技术的集合，是一门富有挑战性的交叉技术前沿学科和研究领域。虚拟现实是利用电脑模拟产生一个三维空间的虚拟世界，借助于特殊的输入输出设备，用户可以身临其境，没有限制地观察虚拟空间内的事物，并与空间内的事物进行实时互动，达到"所见即所得"的体验效果（图 1-9）。

目前，VR 技术在游戏、影视娱乐、工业设计、旅游、医学、建筑、房地产、教育培训等领域都有广泛的应用，用技术革新驱动行业发展。对于家装行业而言，VR 技术的应用可谓是"千里马遇上了伯乐"，利用虚拟现实技术，可以为消费者定制"身临其境"的未来家居场景，使消费者在入住前就体验到装修的实际效果，实现硬装、软装、家具、陈设等的预装修体验。

图 1-9 "身临其境"VR 体验

虚拟设计平台 VDP 软件是一套基于现有成熟业务软件和自主研发软件结合的整体 VR 设计解决方案。通过 VDP 平台，设计师可以快速实现模型导入，创建 VR 场景，进行效果优化及交互设计，最后一键上传设计方案，并生成全景图。设计好的方案能够直接支持在 VR 屏、CAVE 虚拟现实系统、VR 投影、BIMVR 一体机、ARPad 等设备上体验，感受方案的空间布局、风格切换、材质替换、光照模拟、家具陈设布置等，在很大程度上降低了企业应用 VR 的技术成本。设计师应用 VR 技术可以提升与客户沟通的效率与业务能力（图 1-10）。

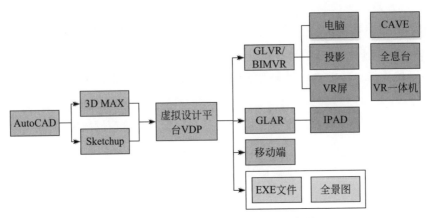

图 1-10　虚拟设计平台软件应用流程

2 业务洽谈

知识目标：

1. 了解与客户洽谈的一般流程；

2. 了解与客户洽谈的内容；

3. 了解室内设计师需具备的职业能力与素养；

4. 在虚拟场景中能够完成业务洽谈考核。

能力目标：

1. 让学生具备与客户沟通的能力，掌握谈判技巧；

2. 能够挖掘客户的真实需求；

3. 能够根据客户的实际情况进行业务承接。

2.1

任务与分析

2.1.1　任务目的

通过角色扮演演练，了解室内装修设计业务洽谈的流程。根据客户的装修构想和要求，确定设计风格，完成业主需求分析，达成接单。培养学生的沟通交流、语言表达及接单能力。

2.1.2　任务分析

（1）了解业主基本情况。

（2）根据业主需求进行相应风格方案展示。

（3）达成接单，并确定量房时间。

2.2

基础知识

2.2.1　调研要素

与客户前期沟通需了解客户的基本信息及装修项目的设计要求，包括客户的身份背景和兴趣爱好、家庭成员构成、房屋所在位置、建筑结构形式、户型平面图及大小、投资及装修风格意向、设计要求。

2.2.2 调研方法与沟通技巧

调研方法：询问、交谈、查看资料、随时记录。

沟通技巧：设计师的谈单技巧，如有平面图的洽谈接单技巧、没有平面图的洽谈接单技巧、设计师的素质要求、面对面的谈单技巧。

（1）客户带户型图时的洽谈接单技巧　当客户带户型图时，设计师不需要去猜测户型是什么样子，可以跟客户直接进入方案的初步设计阶段。

首先，让客户对户型设计提出自己的想法，如功能如何布局、动线如何设计等，若客户对户型不满意自然会提出调整方案。这时，要告知客户承重墙不能拆除，其他的非承重墙的拆除需要跟物业联系等事项。设计师可从专业角度对其功能布局及动线进行优劣分析，做出判断，让客户了解并认同。谈单时要准备几张纸、一个速写本及铅笔、中性笔或彩色笔。洽谈过程中边与客户交流，边将想法在纸上勾画，可以快速绘制简单的功能布局图（图2-1），这个过程就是设计师与客户的初步构想磨合。在第一次洽谈过程中给客户留下一个非常专业的第一印象很重要。若谈单的过程中设计师没有思考、判断、解说，不会绘制基本功能布局图，那么客户在一片茫然中自然不会签单。

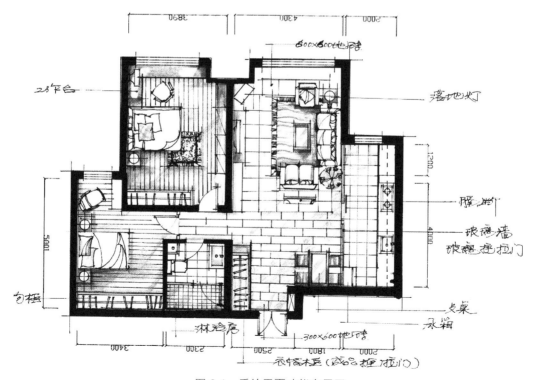

图2-1　手绘平面功能布局图

　　然后，进入方案深化阶段。你的方案要让客户着迷，让他产生想知道预算的想法，这一步要准备两套平面图方案：一套是功能布局合理的实际可用的平面图；另一套是理想式的布局图。理想式的图实际做不到，但很浪漫，目的是陪衬实用的布局图。根据设计重点，设计师可徒手绘制一些透视图，或者用"草图大师 Sketchup 软件"画一些电脑效果图，并且随时修改满足客户"所见即所得"的需求。

　　谈单时设计师可以提供大量室内装修效果图给客户看，让客户更加直观地挑选符合自己要求的室内风格，或使用 VDP 场景制作的虚拟现实场景图让其体验装修后的效果，这样谈单的成功率更高（图 2-2）。洽谈将结束时要向客户提出投资建议，这样既可以谈预算，又可深入谈设计方案。或者以一个设计师为主，其他设计师为辅共同谈单，效果会更好一些。

图 2-2　室内设计效果图

　　最后，进入签单阶段。若掌握好以上几个步骤就可以签单了。设计师跟客户谈单时应尽量使用简单易懂的语言，少用专业术语，让客户了解你的设计构想和理念，以免产生沟通障碍。

　　（2）客户未带户型图时的洽谈接单技巧　当客户没带户型图时，是最考验设计师水平的时候。在这种情况下，设计师可以找出平时收集的一些常用户型图供客户挑选，根据客户选择的户型图，主动引导客户对户型进行分析，同时积极听取客户对户型风格设计的需要。参照相关户型绘制户型草图，做粗略的布局设计。在征得客户同意的情况下，选择适当时间去量房并做进一步的数据统计，然后再对方案设计布局细化，同时继续进行设计风格、材料等方面的沟通。如果客户对装修有急切需求，设计师可以提供优秀的设计案例给客户选择，并让客户挑选合适的风格，为下一步做方案提供参考依据；或者找一套跟客户户型接近的 VR 样板房，让客户加以体验。通过观看一些优秀的设计效果图，进一步激发客户兴趣，产生装修签单欲望，提升谈单成功率，顺利进入签单程序。

　　（3）室内设计师需具备的素质　任何一位室内装饰设计师都希望自己的设计作品被客户接受，并成功谈单，在与客户洽谈时应注意以下事项。

　　1）注重塑造个人的形象　个人形象代表着公司的整体形象。接受过良好教育并拥有艺术修养的优秀设计师在与客户沟通中会给客户留下较好的印象，往往谈单容易成功。优雅的仪表、脱俗的气质容易使客户产生好感，进而对设计师和企业产生信任感。

　　2）学会自我推荐、宣传自己和公司　设计师的成功源自自信，自信源自设计师的业务能力、自身素质和高度的责任心。客户对优秀的设计师容易产生依赖感、信任感，所以设计师要学会自我推销，学会通过过往的优秀设计案例说服客户，也可以从公司的过往业绩、正在承揽进行的装修工程、亲自设计指导的业务谈起，让客户了解设计师自身的业务能力及公司的高效运作方式、优质设计服务、高质量有保障的施工工艺、合理的价格及后期服务保障，获得客户信任和依赖，顺利完成谈单任务。

3）注意着装修饰　日常工作中，设计师应着装整洁得体，符合职业特点，具备良好的气质及形象，积极营造愉快的交谈氛围。设计师最好着正装、衬衣，领口、袖口要整洁。男性设计师扎领带，领带不要太花或太暗，以中性色为主；女性设计师要体现出高雅大方的职业女性气质，打扮得体，勿浓妆艳抹，不可佩戴过多的首饰。

4）注意语言表达　与客户交谈时，要自信，声音一定要洪亮，精神要饱满，思路要清晰，口齿要清楚，语速要适中，语气要和缓，能让客户听清楚你要表达的意思。同时，还要倾听客户心声，不要随意插话，做到有礼貌地与客户进行语言交流，做一个有智慧、有涵养、善表达的设计师。

5）注意肢体语言　眼睛平视对方，眼光停留在对方的眼眉部位。站立时保持与对方一肘的距离，手自然下垂或手拿资料，挺胸直立；或平坐在椅子上，双腿合拢，上身稍微前倾，眼睛平视对方，面带微笑与客户进行交谈。

6）注意与客户建立互信　交谈中要让客户充分表达他的想法，善于聆听，不仅有助于设计师了解更多的信息，亦有助于建立与客户的相互信任，信任是谈单成功的重要因素之一。交谈中应以轻松自如的心态进行表达，过于紧张不仅会降低所提建设性意见的分量，也会削弱说服力。

7）注意自我修养　积极的人生态度、业务联系的持久力、善于变通的头脑、诚实可信的品质、丰富的想象力、善解人意是成功的基石。

8）设计师应克服的一些缺点　一次成功的谈单，是一系列谈判技巧、经验和政策综合运用的结果，这是一个系统工程。在这个工程中任何地方出现一点的纰漏，都会影响到谈单的全局，进而导致失败，因此设计师一定要克服以下缺点，避免疏漏和大意。

①言谈过于侧重讲道理。书面化、理论化的陈述容易造成言过其实的误解，使客户认为难以实现或操作性不是很强，易导致拒绝合作或拒绝签单。

②喜欢随时随地反驳。经常打断别人谈话进行插话，本身就是对他人的不尊重。不管对错与否随时进行反驳，并且这种反驳不带有任何建设性意见时，仅是图一时的心理畅快，容易导致客户恼羞成怒中断谈话，进而使谈判失败。

③说话不讲道理。语气强硬，容易引起客户的反感情绪，轻则破坏愉悦轻松的交流氛围，重则使交流无法继续，导致谈单失败。

④过分的恭维。对待客户要以诚相待，赞同不等于迁就。如果为求得签单而违反原则地恭维，会降低设计师及公司的信誉度，也会在工程中承担由此带来的其他后果。

⑤谈话不着边际。如果谈话没有重点，客户无从察觉或难以理解设计师的想法，谈单就不会成功。因此洽谈时应围绕重点讨论，做到有的放矢。

2.3 任务实施

2.3.1 任务实施流程

（1）布置任务。根据装修设计业务流程，进行业务洽谈，通过角色扮演来完成。

（2）任务分析。了解业主的职业、家庭成员情况、文化背景、兴趣爱好、风格爱好，住所位置、住宅面积大小、建筑结构等基本情况，掌握谈单技巧。

（3）了解业主的审美品位、风格喜好、价位需求，以此来确定设计风格、造型简繁、装修材料的选用等级。

（4）确定接单，并确定量房时间。

（5）本部分以角色扮演来完成。

2.3.2 课程设计

（1）课前准备

1）课前准备道具（也可不备），如装饰公司职业服装、桌牌、胸牌等，印制客户情况记录表。

2）根据班级人数多少分组，一般3～5人为一组。

3）提供表单让学生填写分组情况。

4）指导安排学生上台表演展示。

5）台下负责引导，评定学生成绩打分并做好记录。

6）中间分析点评。

7）最后点评总结。

（2）课堂实施 从第一组开始上台展演，2～3人扮演公司经理、设计师、业务接待员，1～2人扮演客户上门咨询。

1）公司职员角色 公司经理（或大堂经理）、设计师、业务接待员。业务洽谈期间主要以设计师为主，根据不同业务内容注意前后角色转换。业务接待员负责客户迎送、引导、引见和客户信息表单的填写。公司经理和设计师负责业务洽谈，了解客户基本信息和装修意向。职业、收入的不同可导致装修风格、定位、装修费用的差异化，了解客户信息的目的是为客户装修设计做准备。公司职员及设计师本着为客户服务、着想的心态去交流洽谈比较容易成功。

2）客户角色（任选、最好事先确定）1人，也可2人，他（她）们可以是家庭成员中的两位或一位，或者是同事、朋友等，职业可多样化。在与公司职员沟通的过程中尽可能了解公司的经营现状，考察公司是否可信任，有没有能力完成相应装修任务，了解装修的一般常识、风格、材料、工期的长短等。

（3）表演场地　展演地点为教室讲台；模拟地点为装饰公司大堂、装饰公司接待前台或门店。

（4）教学方式　角色扮演法。

（5）使用的道具　多媒体或高配置笔记本电脑、VR眼镜、VR手柄和传感器。

（6）展示内容　已完成的室内装修效果图、真实案例图片或VR装修样板房场景。

（7）提出问题　任选3～5个让设计师一方回答，问题如下。

1）能介绍一下您个人的工作经历吗？您以前都做过哪些工作？

2）如果让您单独做设计方案，设计是怎么收取费用的呢？

3）不想花太多的钱，但是要达到好的效果你们公司能做到吗？

4）为什么你们公司的装修报价比其他公司高这么多？

5）你们现在做出的工程预算，今后是否会有较大的变动？

6）为什么量房前需要交付订金，订金退不退，怎样处理？

7）你们公司如何保证在施工中使用的是真材实料？

8）装修时实木门与实心门有何区别？我应该选什么样的门比较好一些？

9）卧室是铺实木地板好还是铺复合木地板好？

10）窗户是安装塑钢窗，还是安装铝合金窗、木格窗更好一些？

11）在施工中或施工后，装修工程出现质量问题怎么办？

12）房屋装修的一年保修期能不能延长？

13）如果与你们公司签订合同后，我不愿意在你们公司做了，那么我前期交的工程首付款还退吗？

14）我对家居装饰施工工作流程一点经验也没有，我想先了解一下施工作业流程可以吗？

15）通常人们说的家装环保是什么意思？

16）有些家庭装修完毕后，住户会出现头晕、恶心、浑身发软等一些不良症状，到底是哪些材料导致的呢？这些材料含有哪些有害物质？

17）墙面基层处理后，该怎样来验收呢？要达到什么要求？

18）我想要拆掉一些墙体，但是我又不敢拆，你能告诉我什么样的墙能拆吗？

19）如果要你们设计施工，你们会出具哪些项目的图纸呢？

20）前期、中期、后期竣工验收的内容你能告诉我吗？

2.3.3　实训任务

利用2～4课时将全班同学按3～5人一组，分成若干小组，上台进行角色模拟扮演，进行洽谈业务训练。业务洽谈中客户至少提出 3 ～ 5 个问题要求设计师方加以回答，提出问题的质量、回答问题的满意度作为综合成绩评分标准的一部分。

2.3.4 项目背景

该居室为北京市某小区某号楼某单元某室，户型为四室两厅一厨两卫，建筑面积 221m², 套内面积 205m²，装饰面积 937.16m²，室内净高 2.8m（图 2-3）。业主是军队退休老干部，喜好轻松自然的环境和简单安静的生活。

图 2-3　户型图（套内面积 205m²）

2.3.5 项目内容

业务洽谈：角色扮演。

学生 3 ～ 5 人分组上台扮演不同角色，如装饰公司经理、设计师、不同身份职业的客户。通过沟通交流接洽，洽谈装修业务，确定业务内容，了解客户装修要求及设计风格，填写附件客户交流记录单，最终谈单成功，并约定下次装修量房时间。

2.4 知识链接

（1）您是如何看待装修报价的？

装修报价应该包括主材、辅料、人工费、运费、二次搬运费、管理费、税收等诸多费用。有些项目中的人工费要比材料价格高许多，这样把所有的费用加起来，报价自然显得比主材价格高。

（2）报价中材料费、人工费和利润的比例是怎样的？

直接材料费和人工费大概占到总造价的 75% 左右，店面房租、设计人员、监理人员、其他管理人员的工资、税收等各种费用大约占 20% 左右，公司利润在 5% 左右。

（3）设计师谈单时应注意哪些问题？

1）态度端正，服务热情，诚实守信，注意礼貌用语。

2）谈单时应不卑不亢，谈吐温和，具有亲和力，重视企业的经营理念及核心价值观的宣传，取得客户信任。

3）尊重客户意见，在谈单时切勿对持不同意见的客户直接加以反驳，有时愉快的交流比辨别谁是谁非更有利于你开展工作。

4）本着经济、实用、美观、环保、生态的原则向客户表达初步设想。

3 预约量房

知识目标：

1. 掌握居住空间现场测量的基本原理；

2. 掌握现场采集数据的方法；

3. 掌握现场量房草图的基本绘制方法；

4. 掌握快速手绘表现设计草图的基本知识；

5. 熟悉常见户型及布局及结构知识。

能力目标：

1. 能正确收集与室内设计相关的场地及环境信息；

2. 能独立进行住宅场地的测量与原始图纸的绘制；

3. 能够熟练使用测量工具（钢卷尺、皮尺、数码相机）。

任务与分析

3.1.1 任务目的

（1）记录数据，了解整体 量房的数据要精确，这关系到后期设计师的设计方案。不同家具、材料对空间的要求不一样。数据越精准越能最大程度地减少装修的返工。只有量房准确才能做出精确的设计，不至于因为尺寸不对而无法实现。如果没有测量或者测量不准确一些项目（如上下水、暖气、煤气位置等），就有可能导致后期购买的暖气、马桶、水盆等尺寸不对而无法安装。

（2）了解房屋格局情况 现场量房，设计师应仔细地观察房屋的位置和朝向，以及周围的环境状况，如噪声是否过大，空气质量如何，采光如何等等，这些因素都将直接影响后期的设计。如果遇到一些房子格局或外部环境不如人意时，就需要设计来弥补。

（3）与业主交流 量房时，设计师和业主一般都会到现场，如果业主对房屋的设计有一定的想法，在现场测量的时候，设计师应直接提出看法，说明业主装修想法的可行性。另外，业主如果需要提前订购主材，设计师也应及时了解并进行沟通，给出业主采购主材的建议。

3.1.2 任务分析

（1）制定居住空间现场测量任务书。

（2）测量工具准备。

（3）测量实施及要点和方法　房间的长度、高度；门（窗）本身的长、宽、高；门（窗）与所属墙体的左、右间隔尺寸；门（窗）与房顶的间隔尺寸；两个房间之间（即走廊）的空间尺寸；每个房间横梁的宽、高以及固定的位置；四面墙体上的开关、插座、上下水管、空调、暖气、主变电箱等的位置；各种管道、煤气表、地漏和排气孔的位置；房屋建筑构造基本情况；其他特殊情况记录。

（4）现场平面图绘制与数据记录。

（5）水、电、采光、墙体承重、功能分区等特殊数据采集。

（6）手绘表现初步设计构思及合理化建议。

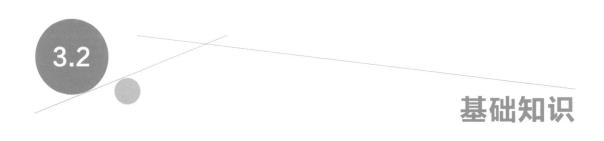

3.2 基础知识

3.2.1　建筑结构基本知识

3.2.1.1　房屋建筑结构

房屋建筑结构一般是指建筑的承重结构和围护结构两个部分。房屋的建筑结构主要根据建筑的层数、造价、施工等因素来确定，因为不同房屋结构的耐久性、抗震性、安全性和空间使用等性能都是不同的。

常见的房屋结构有砖木结构、砖混结构、钢筋混凝土结构、钢结构、框架结构等，各种结构均有其自身的特点。

（1）砖木结构　用砖墙、砖柱、木屋架作为主要承重结构的建筑。现在大部分农村的屋舍、庙宇等就是采用这种结构。这种结构建造简单，材料容易准备，费用较低（图3-1）。

（2）砖混结构　砖墙或砖柱、钢筋混凝土楼板和屋顶承重构件作为主要承重结构的建筑，这是目前在住宅建设中建造量比较大、采用最普遍的结构类型。

（3）钢筋混凝土结构　主要承重构件包括梁、板、柱，全部采用钢筋混凝土制作。采用钢筋混凝土结构的房屋主要用于大型公共建筑、工业建筑和高层住宅。钢筋混凝土结构又可以分为框架结构、框架－剪力墙结构、框－筒结构等，目前25～30层的高层住宅通常采用框架－剪力墙结构（图3-2）。

图 3-1 砖木结构

图 3-2 框架 – 剪力墙结构

（4）钢结构　主要承重构件全部采用钢材制作。钢结构自重轻，能建超高层摩天大楼，也适合建造大跨度、高净空的空间，特别适合大型公共建筑。

（5）框架结构　框架结构是指由梁和柱以钢筋相连接而成，构成承重体系的结构，也就是说框架结构的房屋的承重体主要是梁和柱，其墙体不承重，仅起到围护和分隔作用。

3.2.1.2　房屋墙体类型

根据墙体在建筑物中的位置、受力情况、材料选用、构造施工方法的不同，可将墙体分为不同类型。

（1）按墙体所处的位置及方向　墙体按所处位置不同分为外墙和内墙，内墙是位于建筑物内部的墙，外墙是位于建筑物四周与室外接触的墙；墙体按布置方向又可以分为纵墙和横墙，沿建筑物长轴方向布置的墙称为纵墙，沿建筑物短轴方向布置的墙称为横墙，外横墙又称山墙；另外，窗与窗、窗与门之间的墙称为窗间墙；窗洞下部的墙称为窗下墙；外墙从屋顶上高出屋面的部分称为女儿墙等。

（2）按受力情况分类　根据墙体的受力情况不同可分为承重墙和非承重墙。凡直接承受楼板、屋顶等传来荷载的墙称为承重墙；不承受这些外来荷载的墙称为非承重墙。在非承重墙中，不承受外来荷载，仅承受自身重量并将其传至基础的墙称为自承重墙；仅起分隔空间作用，自身重量由楼板或梁来承担的墙称为隔墙；在框架结构中，填充在柱子之间的墙称为填充墙，内填充墙是隔墙的一种；悬挂在建筑物外部的轻质墙称为幕墙，有金属幕墙、玻璃幕墙等。幕墙和外填充墙，虽不能承受楼板和屋顶的荷载，但能承受着风荷载并把风荷载传给框架结构（图 3-3）。

3.2.1.3　家装墙体结构拆改要点

（1）承重墙是绝对不能拆的。

（2）轻体墙不一定可以拆　有的轻体墙承担

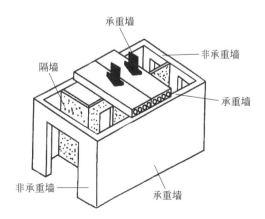

图 3-3 房屋墙体类型

着房屋的部分重量，比如横梁下面的轻体墙就不可以拆，因为它承担着房屋的部分重量，拆了一样会破坏房屋结构。

（3）嵌在混凝土中的门框不宜拆除　如果拆除或改造，就会破坏建筑结构，降低安全系数。

（4）阳台边的矮墙不能拆除或改变　一般房间与阳台之间的墙上都有一门一窗，这些门窗可以拆除，但窗以下的墙不能拆，如果拆除这堵墙，就会使阳台的承重力下降，导致阳台下坠。

（5）房间中的梁柱不能改　梁柱是用来支撑上层楼板的，拆除或改造就会造成上层楼板掉落。

（6）墙体中的钢筋不能动　在埋设管线时，如将钢筋破坏，就会影响到墙体和楼板的承载力，留下安全隐患。

3.2.2　室内设计表现技法

一个好的创意是设计师的最初理念，而手绘则是设计理念最直接的体现。手绘就是用来表达设计师的设计方案和想法的一种技巧，区别于绘画。在室内设计中，手绘效果图可以说是设计思路的一种快速表达方式，是设计师不可或缺的一项本领。

目前在设计界，手绘图已经是一种流行趋势，在工程设计投标中经常能看到它的出现。许多著名设计师常用手绘作为表现手段，快速记录瞬间的灵感和创意。手绘图是眼、脑、手协调配合的表现。"人类的智慧就是在笔尖流淌"，可想而知，徒手描绘对人的观察能力、表现能力、创意能力和整合能力的锻炼是很重要的。

3.2.2.1　手绘效果图的表现类型

（1）设计草图　主要是表达设计者的设计思想、理念，可着色也可不着色，是设计的初级创意图。

（2）成品效果图　具有一定的技术含量，说明性、展示性较强，是与甲方沟通的重要手段（图3-4）。

（3）研究性效果图　此类效果图随意性很强，有待推敲的内容多，一般不作为与甲方的交流手段，主要是设计师深入研究造型、材质、色彩和环境的创作作品，此类作品更具艺术性。

3.2.2.2　手绘效果图表现技法

（1）马克笔画技法

1）马克笔因其色彩丰富、着色简便、风格豪放和迅速成图，受到设计师普遍喜爱。

2）马克笔笔头分扁头和圆头两种，扁头正面与侧面上色宽窄不一，运笔时可发挥其形状特征，构成自己特有的风格。

3）马克笔上色后不易修改，一般应先浅后深，上色时不用将色铺满画面，有重点地进行局部刻画，画面会显得更为轻快、生动。马克笔的同色叠加会显得更深，多次叠加则无明显效果。

(a)

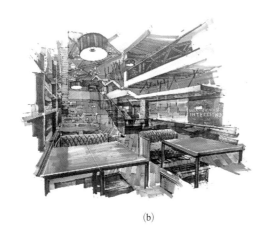

(b)

(c)

图 3-4 手绘效果图

4）马克笔的运笔排线与铅笔画一样，也分徒手与工具两类，应根据不同场景与物体形态、质地、表现风格来选用。

5）水性马克笔修改时可用毛笔蘸水洗淡（难以彻底洗净），油性马克笔则可用笔或棉球头蘸甲苯洗去或洗淡。

6）马克笔笔法、趣味令人喜爱，但其价格贵，可利用油画笔和水粉笔蘸上水彩颜料，靠尺运笔，也能获得马克笔的某些趣味，水墨彩绘效果图和马克笔手绘效果图如图 3-5、图 3-6 所示。

图 3-5 水墨彩绘效果图

(a)

(b)

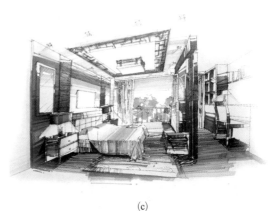

(c)

图 3-6 马克笔手绘效果图

（2）钢笔画技法 钢笔、针管笔都是画线的理想工具，发挥各种形状笔尖的特点，利用线的排列与组织来塑造形体的明暗，追求虚实变化的空间效果，也可针对不同质地采用相应的线形组织，以区别刚、柔、粗、细，还可按照空间界面转折和形象结构关系来组织各个方向与疏密的变化，以达到画面表现上的层次感、空间感、质感、量感，以及形式上的节奏感、韵律感（图 3-7）。

(a)   (b)

图 3-7 钢笔画效果图

（3）水彩画技法

1）水彩渲染是建筑画中常用的一种技法，水彩表现要求底稿图形准确、清晰，忌擦伤纸面（最好另用纸起稿，然后拷贝正图，再裱图），而且对纸和笔的含水量十分讲究，即画面色彩的浓淡、空间的虚实、笔触的趣味都有赖于对水分的把握。

2）上色程序一般是由浅到深，由远及近，亮部与高光要预先留出。大面积的地方涂色时颜料调配宜多不宜少，色相总趋势要基本准确，反差过大的颜色多次重复容易变脏。

3）水彩渲染常用退晕、叠加与平涂三种技法。

①退晕法　倾斜图板，首笔平涂后趁湿在下方用水或加色使之产生渐变（变浅或变深），形成渐弱和渐强的效果。退晕过程多环形运笔，遇到积水、积色需将笔挤干再逐渐吸去。

②叠加法　图板平置，分好明暗光影界面，用同一浓淡的色平涂，留浅画深，干透再画，逐层叠加，可取得同一色彩不同层面变化的效果。

③平涂法　图板略有斜度，大面积水平运笔，小面积可垂直运笔，趁湿衔接笔触，可取得均匀整洁的效果。

目前室内表现图中，钢笔淡彩的效果图较为普遍，它是将水彩技法与钢笔技法相结合，发挥各自优点，颇具简捷、明快、生动的艺术效果（图3-8）。

图 3-8　钢笔淡彩效果图

3.3

任务实施

3.3.1　虚拟量房实训

（1）实训准备　实训机房、虚拟量房软件、现场测量任务书、展视网 VR 软件 BIMVR、高配电脑、HTC VIVE、3D 眼镜（需配合实训室 3D 投影或 VR 屏使用）。

（2）实训任务布置　使用虚拟量房软件，完成居住空间数据的采集，根据量房步骤、量房内容，在虚拟空间中完成实训案例的数据测量，并输出测量手绘图。按照业主的需求，在原始量房图的基础上进行墙体拆改图的绘制。

（3）虚拟量房软件使用演示　BIMVR 软件登录界面（图 3-9）。

（4）演示软件的使用方法

1）双击打开 BIMVR 软件，输入用户名和密码登录。

注：用户名为 13966666666；密码为 123456。

图 3-9　BIMVR 软件登录界面

2）登录完成后，点击"读取方案"，选择"量房 – 五居室"。

3）在 PC 端或者通过 VR 硬件设备（如 HTC VIVE、3D 眼镜）在虚拟场景中进行实时测量。

（5）虚拟量房实训实施　分组进行虚拟量房实训。

（6）虚拟量房实训成果评价　根据实训过程和软件生成结果，对量房实训存在的问题进行点评，根据测量内容的完整性进行实训成果的评价。

3.3.2　现场量房实训

（1）量房前的准备事项　量房前记得携带好房屋图纸，包括房屋建筑水电图以及建筑结构图、户型图等。了解所在物业对房屋装修的规定，例如在水电改造方面的具体要求，房屋外立面可否拆改，阳台窗能否封闭等等，以避免不必要的麻烦。

（2）准备量房工具　量房时需用到的工具有卷尺、纸笔。卷尺长度应在 5m 以上的。其他的工具还有相机、绘图板、激光测距仪等。用传统的卷尺量房操作起来比较麻烦，而且测量误差较大。现在量房的工具越来越先进，如激光测距仪，操作简单，轻轻一照就可以将数值反映出来，精度很高（图 3-10）。

（3）绘制房间图纸　如果没有携带房屋户型图，就需要现场在纸上画出大概的平面结构图，图不需要太讲求尺寸，只要能进行数据标记即可。

（4）实施测量　量房是个琐碎的过程，从量房的动作上来分，基本可分为量、看、摸、照、问。

1）量房的三种测量思路

①定量测量　主要测量各个厅室内的长、宽、高，计

图 3-10　激光测距仪

算出每个用途不同的房间的面积，并根据业主喜好与日常生活习惯提出合理的建议。

②定位测量　在这个环节的测量中，主要标明门、窗、空调孔的位置，窗户需要标量数量。在厨卫的测量中，落水管的位置、孔距，马桶坑位孔距、离墙距离，烟管位置，煤气管道位置、管下距离，地漏位置都需要做准确的测量，以便在日后的设计中精准定位。

③高度测量　正常情况下，房屋的高度应当是固定的，但由于各个房屋的建筑、构造不同，也可能会有一定的高差。设计师在进行高度测量时，要仔细查看房间每个区域的高度是否出现高差，以便在日后的设计图纸中做到准确无误。

2）量房的一般技巧

①量房的正确顺序　量房一般从入户门开始，顺时针或逆时针进行测量，把房屋内所有的房间测量一遍，最后回到入户门。如果是多层的，为了避免漏测，测量的顺序要一层测量完后再测量另外一层，而且房间的顺序要从左到右。

②长度和高度测量方法　在用卷尺量出具体一个房间的长度、高度时，长度要紧贴地面测量，高度要紧贴墙体拐角处测量。没有特殊情况，层高基本是一定的，找两个地方量一下层高取平均值就可以了。

③门窗等定位方法　先测量门本身的长、宽、高，再测量门与所属墙体的左、右间隔尺寸，测量门与顶棚的间隔尺寸。

3）量房时的注意事项　量房需要细致，减少误差。有特殊之处用不同颜色的笔标示清楚；全部测量完后，再全面检查一遍，以确保测量的准确、精细；用卷尺测量长度的话，需要两个人配合才行，否则很容易造成数据不准确。

（5）拍照留存底档　为了对整个空间有更好的把握，最好在量房的时候能够拍照作留底，有利于后期设计的准确性。

（6）设计师与业主交流意见　量房时，设计师应与业主进行初步的沟通和交流，听取业主对房屋装修风格的构想和功能区使用方面的要求，并根据现场情况初步判断业主想法的可行性。

4 方案设计

知识目标：

1.掌握居住空间组织设计原理，熟悉居住空间类型，熟悉居住空间形式美法则，了解空间形态心理。

2.熟悉主流居住空间装饰流派及其特征。

3.掌握居住空间各界面设计原则，熟悉居住空间各界面功能要求，熟悉居住空间常见的界面形式、材质、界面处理手法。

4.掌握家具与陈设品的选择原则，熟悉家具形式与家具风格，熟悉常见家具体量及布局的空间尺寸，了解各空间家具与陈设品的常见搭配形式。

5.掌握各空间照明需求，熟悉居住空间常用灯具及照明形式，了解照明设计基础知识及基本专业术语。

6.掌握水、电、设备设置原则，熟悉居住空间常见水路、电路的线路布局及电气设备安装位置，了解居住空间装饰设备基础知识及基本专业术语。

能力目标：

通过以任务驱动式的教学对本章节任务的实训开展教学。培养学生对居住空间设计能力目标的养成，具体能力目标为：

1.培养学生对一般客户需求及常见户型的分析、归纳能力，以及对设计要点的把握及总结能力。

2.培养学生对居住空间功能分区布局与空间组织能力。

3.基于人体工程学知识、造价信息、空间功能需求、氛围营造需求、艺术构成设计原理，培养学生对居住各界面的设计能力。

4.培养学生能够针对不同客户需求，进行家具及陈设品的选择与布置能力。

5.培养学生针对居住区不同空间的照明设计能力。

6.培养学生根据不同户型、使用功能，进行水、电线路设计与家用电器布置的能力。

7.培养学生设计表达能力，能够独立完成完整的居住空间设计方案。

4.1   任务与分析

4.1.1 任务目的

根据在第2章中与业主的沟通情况，结合第3章对户型现场勘测的成果，在尽量满足客户需求的原则下，经过对客户家庭结构、爱好、生活习惯，感兴趣的装饰风格，预算目标，客户特殊要求等方面的综合考虑，并对房屋户型综合情况（包括户型、建筑结构、面积、层高、楼层等）展开分析后，完成居住空间装饰装修方案的初步设计及优化调整方案，确定设计方案并提交成果。

方案初步设计及后期方案优化设计，应从业主需求出发，通过一系列的分析、对比、设计、表现、沟通、优化调整来确定最终设计方案。具体内容应包括：

（1）确定各空间功能分区与空间组织设计；

（2）装饰装修风格选择及色系（调）选择；

（3）户型各空间中顶、地、墙等各界面的设计，包括各界面材料选择与构造设计，顶面、地面、立面的造型设计，各界面色彩搭配等；

（4）户型各空间家具与陈设品的选择与布置，并根据空间分区及家具布置完成平面图；

（5）户型各空间的照明设计，并根据顶棚设计与照明设计完成顶棚设计图；

（6）户型室内水、电设计（设备位置与线路布置），空调、采暖、通风系统选择与布置，及智能家居设备接口布置。

4.1.2　任务分析

进行方案设计前，需掌握以下内容，才能有效展开对户型的设计。

（1）了解人的居住状态与生活习惯　人的居住状态与生活习惯一定程度上影响着空间的组织和划分，如客厅的宽敞明亮（图 4-1），卧室的私密性需求，玄关的设置，烹饪习惯要求（厨房独立与封闭）（图 4-2），通风及采光要求。

图 4-1　宽敞明亮的客厅　　　　　　　图 4-2　封闭式厨房

（2）了解及分析业主情况及需求

1）业主的家庭结构　单身业主的性别在一定程度上影响空间使用及装饰风格，如单身男性往往突出明快的设计与硬朗的造型，而单身女性往往偏爱柔美的氛围；两口之家业主与有孩子的业主在空间使用上有不同的要求；家庭结构决定着老人房与儿童房的设置，孩子的性别也往往决定儿童房的设计。业主的家庭结构还影响餐厅的设置、卫生间浴室的设置（尤其是双卫、三卫户型）。

2）业主的自身情况　业主的年龄、爱好、职业等决定户型的整体装饰风格与色调的选择，如年轻业主往往采用简约风格，追求色彩明快（图4-3）；年龄大的业主偏向于舒适厚重的装饰风格，喜好低明度、低纯度的色彩（图4-4）。

图 4-3　简约风格　　　　　　　　　　图 4-4　中老年人房间

3）地域　户型所在地域在一定程度上影响装饰设计，如南北方的差异影响室内采光、通风、供暖设计，同时也影响衣柜的形式与尺寸选择。

4）特殊空间　特殊活动空间要求，如影音室（图4-5）、阳光房、活动房、书房（图4-6）、保姆房的设置等。

图 4-5　影音室

（3）了解户型与房屋建筑构造体系

1）建筑户型　包括户型特征，房间的组成，每个独立空间的开间、进深尺寸、顶高，厨房、卫生间的位置及卫生间的数量，阳台的数量、位置、尺寸，房屋的楼层与采光、通风情况。

2）门窗设置　包括门窗形式（图4-7）、门窗尺寸、门窗位置。

3）建筑结构的承重形式　剪力墙、过梁、圈梁的设置情况与位置。这些建筑结构的配置形式，影响户型的改造与装饰构件、设备的安装。

4）上下水、燃气、暖气管道的位置　下水管道、燃气管道通常不做改动（图4-8）。

图 4-6　书房

图 4-7　卧室飘窗

（4）掌握室内空间类型与特征

1）室内空间的类型　如固定空间、可变空间、动态空间、静态空间等空间的形式及其特点是设计师必须掌握的。

2）空间形态心理　如空间形状、空间体量给人带来的心理影响。

3）空间构图的形式美法则　如空间均衡、空间比例、空间节奏等形式美法则的综合分析与灵活运用。

4）室内空间组织设计　对居住空间展开设计前，需要熟悉常见空间的分隔手法，掌握居住空间的序列设计内容，便于更好地对居住空间进行分隔与组织。

（5）了解居住空间不同界面的材质要求　常见装修材料类型，常见界面的构造形式，以及不同材料及构造对造价的影响。

1）地面　地面材料通常有抗压、耐磨的要求。厨房、卫生间地面有防水、防滑、便于清洁的要求。居住空间地面常采用地砖、石材、木地板等饰面材料。不同品牌与类型的地砖、石材、木地板是影响居住空间装修造价的重要因素。

2）墙面　墙面基层常用易于造型的材质，如石膏板、细木工板等。面层常采用贴木皮清漆罩面、乳胶漆、墙纸（布）等。有防水、清洁要求的空间采用瓷砖、石材等。

3）顶棚　顶棚常采用的处理方式有：直接在抹灰面上涂刷乳胶漆或涂料；在楼板下设置吊顶。

因为居住空间顶高受限，不同于公共空间大厅，吊顶常用于厨房、卫生间、玄关、过道、过梁处等（图4-9），往往不采用复杂吊顶，吊顶材料选择有轻质、坚固等要求。灯槽设置、空调通风设备等也常与吊顶结合使用。

（6）了解家具、陈设品的类型，使用空间尺寸及布置原则　家具、陈设品是居住空间的重要组成部分，也是居住空间性质与内涵的具体体现。根据业主的需要与房屋尺寸选择合适的家具、陈设品，并进行搭配及布置。在进行选型与布置前，必须熟悉市场上常见家具与陈设品的类型、搭配形式和尺寸，才能更好地完成对居住空间的设计。如根据业主需求和卧室的空间尺寸选择床的大小，判断是否摆放床头柜，选择平开门衣柜或推拉门衣柜等（图4-10）。

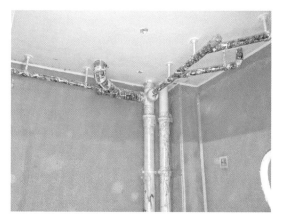

图4-8　污水排水管

图4-9　过梁与吊顶设置

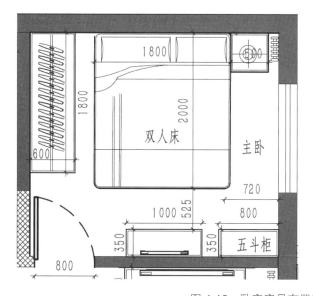

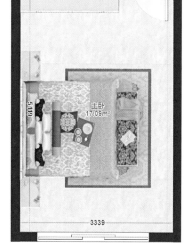

图4-10　卧室家具布置图

基础知识

4.2.1 居住空间设计相关知识

4.2.1.1 居住空间概念及设计原则

在人们的认识中，居住空间是人们日常生活的地方，就是我们经常所说的家。作为承载人们日常生活与活动的"容器"，人的一生中大部分时间都在居住空间中度过，所以居住空间必须满足人们物质与精神的各种需求。居住空间既能使人在其间安身立命又能使人修身养性，是物质生活与精神生活兼具的场所。

（1）居住空间的概念　居住空间又称住宅，是由顶盖、墙体、地面（楼面）等界面围合而成的提供个人或家庭日常起居生活的建筑内部空间。

随着人类文明的发展，人们对住宅的要求也不断提高。现代住宅已不再是单纯意义上的居住，空间需求逐渐从生存型向舒适型转变。居住空间的舒适性要求，使人们开始了对居室的各种改造，让居住空间设计成为建筑的一项重要内容及组成部分。现代居住空间既要确保安全舒适，保证人们的吃、住、穿、工作、休闲等功能，又对环保、节能、私密性保护、有利于身心健康提出了新的要求。在居住空间设计中，应适应不同人群的个性需求，创造出多风格、多层次、有情趣、有个性的各种设计方案，来满足不同住宅类别、不同地域、不同层次、不同收入人群对室内居住环境的要求。

（2）居住空间的设计原则　居住空间设计的目的在于为人们设计出一个舒适、安全、温馨的家，所以在空间设计中要遵循"以人为本"。设计者要从业主需求的角度出发，研究他们的生活习惯、空间活动需求、空间心理需求等，从而了解什么才是他们心仪的居住空间设计。研究人的同时，还应坚持"因地制宜"，根据不同户型特点，来解决具体问题，包括建筑户型特征、建筑构造形式、朝向、水暖设施等；研究具体的空间尺度是否能符合人体工程学，是否符合空间环境心理学需求。在设计居住空间时，不仅要考虑到居住人群的使用功能，还要满足他们对精神功能的需求，为人们创造出更加宜居的生活空间。

1）合理功能分区原则　合理的功能空间布局可以让人们的日常生活更加高效便利。设计师要在一定的面积内，保证基本功能空间都具备的条件下，根据面积大小、居住者喜好、空间需求、生活习惯等，对其进行再划分，使动与静、私密与公共在设计中得到妥善的处理。做到公私分离、动静分区，确保住宅居住空间舒适功能的良好发挥，同时使过道流畅，减少干扰，提高居住空间综合利用率。

2）舒适度原则　舒适度是居住空间人性化设计的一个重要体现。对于一个居住空间的设计，由于使用者的性别、年龄、习惯、爱好、收入各不相同，对于居住空间的要求也不尽相同。设计者应该根据业主的人体尺度和活动情况进行分析、整合后再设计，针对老人、儿童、残疾人等特殊群体需求进行必要的设计处理，营造即方便舒适又安全的生活空间。在标准尺度的基础上遵循个体特征，进行适度的调整，从而营造舒适的空间环境。

3）可持续化原则　居住空间的可持续化设计具体体现在：建筑居住空间生态环保，包括建筑节能设计、绿色生态材料运用等；在设计中，保证空间构件具有一定的可拆卸、可更替和可移动性，便于不同情况下空间功能上的调整，这种灵活多变的空间设计形式，为使用者日后的自由变化提供了可能。

4.2.1.2　居住空间的类型与特征

（1）室内空间的类型及特点

1）固定空间与可变空间　固定空间指功能明确、空间界面固定的空间，其形状、尺度、位置等往往不能改变。可变空间指灵活可变的空间，可以根据不同使用功能要求，改变空间形式。

2）封闭空间与开敞空间　封闭空间指用限定性较高的界面围合起来的独立性较强的空间，在视觉、听觉等方面具有较强的隔离性，有利于排除外界干扰。开敞空间指强调与周围空间环境交流、渗透的外向型空间（图4-11）。

图4-11　开敞空间（来源：设计师　罗富荣）

3）静态空间与动态空间　静态空间指空间构成比较单一，空间关系较为清晰，视觉转移相对平和，视觉效果和谐，给人安宁、稳定感的空间形式。静态空间具有以下特点。

①空间趋于封闭、私密性较强；

②多采用对称的空间布局，达到静态的平衡；

③空间与家具、陈设等比例协调、构图均衡；

④光线柔和，色彩淡雅，和谐统一。

动态空间指空间内包含各种动态设计要素或由建筑空间序列引导人在空间内流动，以及空间形象的变化引起人心理感受变动的空间。动态空间具有以下特点有：

①利用空间序列设计，组织灵活多变的空间，引导人流在空间内流动；

②利用声、光的变幻给人以动感；

③引入鲜活生动的自然景物；

④通过界面、家具、陈设及其布置形式产生动势。

常见的动态空间形式有流动空间、共享空间。流动空间是由若干个空间相互连贯，引导视觉移动，使人们从"动"的角度观察周围事物，将人们带到一个"四度空间"，具有空间的开敞性和连续性，空间相互渗透，层次丰富，导向性强，空间构成形式富于变化。共享空间是为了适应各种开放性社交活动和丰富多彩的生活需要而产生的。共享空间运用多种空间处理手法，融合多种空间形态，加上富有动感的自动扶梯、生机勃勃的自然景观等，使空间极富生命活力和人文气息。

4）其他常见空间形式

①虚拟空间　虚拟空间是指在大空间内通过界面的局部变化而再次限定出的空间，占据一定的范围，但没有确切的界面，限定度较弱，主要依靠视觉启示和联想来划分空间，也称"心理空间"。该空间可以利用界面的局部变化或结构构件、隔断、家具、陈设、绿化等限定，或借助于界面材质、色彩的变化形成。

②迷幻空间　迷幻空间追求神秘、新奇、光怪陆离、变幻莫测的超现实的空间效果。常利用不同角度镜面玻璃的折射，使空间变幻莫测。在造型上追求动感，常利用扭曲、错位、倒置、断裂等造型手法，并配置奇形怪状的家具与陈设，运用五光十色、跳跃变幻的光影效果和浓艳娇媚的色彩，获得光怪陆离的空间效果（图4-12）。

③模糊空间　模糊空间又称为灰空间，它的界面模棱两可，具有多种功能的含义，空间充满复杂性和矛盾性。灰空间常介于两种不同类型的空间之间，由于灰空间的不确定性、模糊性和灰色性，从而延伸出含蓄和耐人寻味的意境，多用于空间的过渡、延伸等。

图 4-12　迷幻空间

（2）室内空间形态心理

1）空间的形状给人的心理影响　矩形空间具有一定的方向性，给人稳定、安静、平稳感受；圆（拱）形空间有稳定的向心性，给人内聚、收敛、集中的感觉；锥形空间在平面上具有向外扩张之势，立面具有向上的方向性，给人以动态和富有变化的感受；自由形空间复杂多变，表情丰富，具有一定的独特性和艺术感染力，但结构复杂。

2）空间的体量对人的心理影响　空间的体量是根据房间的功能和人体尺度确定的，但一些对精神功能要求高的建筑，如纪念堂、教堂等，体量往往要大得多。

大空间——宏伟、开阔、宽敞；

过大的空间——空旷、不安定；

小空间——亲切、宁静、安稳；

过小的空间——局促、压抑。

3）空间比例关系给人的心理影响　阔而低的空间：广延、博大、压抑、沉闷；窄而长的空间：向前的导向性、深远感、期待感；小而高的空间：向上的感觉。

4）空间的封闭状态给人的心理影响　空间的开合取决于空间侧界面的通透：完全通透的界面使室内外空间相互渗透，空间界限模糊，给人以开放、活跃之感，但也会使人感到不安定；部分通透的界面使空间处于半开敞半封闭之间，室内外空间保持一定程度的联系，给人以突破、期待之感；完全围隔的界面使空间封闭，给人以宁静、安定之感。

4.2.1.3　居住空间设计方法与技巧

（1）空间构图的形式美法则

1）构图均衡　均衡主要是指空间构图中各要素之间相对的一种等量不等形的力平衡关系。对称构图最容易取得均衡感，对称的均衡表现出严肃、庄重的效果，易获得完整的统一性。非对称构图变化丰富，容易取得轻快活泼的效果。空间构图的均衡与物体的大小、形状、质地、色彩有关系。

2）比例协调　室内空间的比例表现在两个方面：一是空间自身的长、宽、高之间的尺寸关系；二是室内空间与家具、陈设之间的尺度关系。空间应从功能、结构、材料、环境等因素综合考虑分析，创造和谐的比例关系。另外，色彩、质感和线条会影响空间比例关系的视觉效果。

3）变化与统一　变化与统一是基本的美学法则之一。要把空间中若干个各具特色的构成要素有机地结合起来，形成既富有变化又协调统一的空间环境，需要注意以下问题。

①要强调相互之间的联系，形成一定的呼应关系，并讲究主次关系，以次要部分烘托主体部分，以主体统率全局。

②运用对比的处理手法，对比就是强调各构成要素之间的差异，相互衬托，具有鲜明突出的特点，空间中可利用形状、开敞与封闭、动与静、色彩、质感等的对比形成变化。对比的程度有强有弱，弱对比更多强调相互之间的共性，温和、含蓄、易调和；强对比则重在各自特色的表现，鲜明、刺激，可突出重点，形成趣味中心。

（2）室内空间的分隔方式　居住空间各分区之间主要是通过分隔的方式来体现的，空间分隔的方式主要有以下四种。

1）完全分隔　完全分隔是利用承重墙或直到顶棚的轻质隔墙等分隔空间，相邻空间之间互不干扰，具有较好的私密性，但与周围环境的流动性较差。

2）局部分隔　局部分隔即利用具有一定高度的隔断、屏风、家具等在局部范围内分隔空间。局部分隔的强弱取决于分隔体的大小、形态、材质等。局部分隔的形式有四种，即一字形垂直面分隔、L形垂直面分隔、U形垂直面分隔、平行垂直面分隔等。

3）弹性分隔　即利用折叠式、升降式、拼装式活动隔断或帷幕等分隔空间，可根据使用要求开启、闭合，空间也随之分分合合。

4）象征性分隔　即界面、高差变化等象征性分隔的分隔空间，象征性分隔限定度很低，常见的象征性分隔方法有：①依靠部分形体的变化来给人以启示、联想划定空间；②利用水平面的高差变化分隔空间；③利用界面色彩或材质的变化分隔空间；④利用照明分隔空间。

（3）空间的序列设计

1）序列的概念　空间序列是指空间环境先后活动的顺序关系。空间序列设计要基于以下两方面进行考虑：

①空间功能要求　空间功能是一个重要的方面，因为人在空间中处于活动状态，人的每一项活动都表现为一系列的时间与空间过程，这种活动过程具有一定的规律性。

②人在各空间感受上的变化　人处于不同空间的综合感受是空间序列设计的关键。

2）空间序列的组成　空间序列一般由序幕、展开、高潮、结尾四部分组成。

①序幕　序列的开端，它是空间的第一印象，预示着将要展开的内容，应具有足够的吸引力。

②展开　序列的过渡部分，它发挥着承前启后的作用，是序列中承接序幕、引向高潮的重要环节，对高潮的出现具有引导、酝酿、引人入胜的作用。

③高潮　全序列的中心，是序列的精华和目的所在，也是空间艺术的最高体现。期待后的心理满足和激发情绪达到高峰是高潮设计的关键。

④结尾　由高潮恢复到平静，是序列中必不可少的一环，良好的结尾有利于对高潮的追思和联想，可使人回味无穷，以加强对整个空间序列的印象。

3）空间序列的设计手法

①空间的引导和暗示　空间的引导和暗示的方式很多，常见的有：运用具有方向性的形象和各种韵律构图来引导和暗示行进方向；利用楼梯或设置的踏步，暗示上一层空间的存在；利用空间的灵活分隔暗示其他空间的存在；利用视觉中心的作用引导空间；利用光线的强弱变化引导空间；利用色彩变化引导空间；利用质感变化引导空间等。

②空间的过渡与衔接　空间序列就是一连串相对独立的空间组合起来的相互联系的连续过程，必须做好室内外空间及相邻室内空间的过渡，使之衔接自然，不觉突然，不感平淡。

③空间的对比与统一　空间的变化可通过相连空间之间的对比来获得。常用的对比方法有空间体量的对比、开敞与封闭的对比、空间形状的对比、方向的对比等。

4）空间序列的布局形式　不同类型建筑，空间序列设计的构思、布局和处理手法可以千变万化。一般来说，空间序列的布局形式有以下两种。

①规则的、对称的，这种形式庄重、严肃。

②自由的、非对称的，这种形式轻松、活泼、富有情趣。

4.2.1.4　居住空间户型分析

（1）按房屋类型分类　主要分为普通单元式住宅、公寓式住宅、复式住宅、跃层式住宅、花园洋房式住宅（别墅）、小户型住宅等。

1）单元式住宅又叫梯间式住宅　是以一个楼梯为几户服务的单元组合体，一般为多层、高层住宅所采用（图4-13）。每层以楼梯为中心，安排户数较少，一般为2～4户，大进深的空间每层可服务于5～8户。每户由楼梯平台进入分户门，各户自成一体。户内生活设施完善，既减少了住户之间的互相干扰，又能适应多种气候条件。建筑面积较小，户型相对简单，可标准化生产，造价经济合理，仍保留一定的公共使用面积，如楼梯、走道、垃圾箱等。

图4-13　单元式住宅

2）公寓式住宅　区别于独院、独户的西式别墅而言的。公寓式住宅一般建在大城市里，多数为高层楼房，标准较高，每一层内有若干单户独用的套房，包括卧室、起居室、客厅、浴室、厕所、厨房、阳台等。有的附设于旅馆、酒店之内，供一些常常往来的中外客商及其家属中短期租用。

3）复式住宅建筑　每户占有上、下两层，一般是指每户在较高的楼层中增建一个1.2m左右的夹层，两层合计的层高要大大低于跃层式住宅，一般复式住宅的层高为3.3m左右，而跃层式住宅层高为5.6m左右。复式住宅隔出来的夹层可作为卧室、书房或储藏室，也可作为静态空间供主人休息和储物。下层空间可划分出起居室、厨房、卫浴间等，作为动态空间供主人日常活动起居等，两层用楼梯来联系上下。设计复式住宅的主要目的是在房内限定的面积中扩充使用面积，以此来提高住宅空间使用率。因此也有空间平面利用率高（通过增加夹层，会使空间可使用的面积增加50%～70%）、楼梯建造成本低、空间动静分区效果好的优势。同时，由于层高有限，也存在上层空间利用不便、自然通风采光较差、木质结构的隔层隔声、防火差等缺点。

4）跃层式住宅　通常来讲就是两个标准层的叠加，并在户内建立独立的楼梯连接上、下的户型模式。通常这类住宅户型的面积较大，有充分的空间可供功能划分，此外，由于整个住宅占有两层空间，所以有很大的采光面，不仅保证了日常采光，通风效果也得到了保证（图4-14）。在空间布局上，一楼往往设置公共活动空间，如起居室、餐厅、厨房等；二楼一般设置私密活动空间，如卧室、客房、书房等，功能分区明确，互不干扰，也保证了私人活动空间的私密性。另外室内采用独用小楼梯，不通过大楼公共楼梯，受外界影响小。

跃层式住宅有以下三点优势：

①空间非常有层次感，空间中的动静分区更为明确；②能更好地保证家庭成员私人生活

的私密性；③由于占有两个标准层空间，进户层才有电梯间和公共走道，一定程度提高了空间使用率。但跃层式住宅还可能存在一些问题，如楼梯会造成老人、孩子行动不便。由于整体楼层高度控制会造成一些户型层高较低，使空间存在压抑感。

跃层式住宅的设计应注意以下几个方面：

①注意功能分区的合理性，特别是动静之分、公私之分，一般是一楼设置起居室、厨房、餐厅、卫生间，二楼设置主卧、书房、卫生间；

②二楼主卧的房高必须要大于 2.3m，否则会给人们带来压抑感，不利于人的休息睡眠；

③设置楼梯时，梯段宽度应保证大于 80cm，否则给家具搬动带来不便。日式跃层式住宅如图 4-14 所示。

（2）按空间功能分类　按空间功能分类可以分为公共生活区、私人生活区和生活工作区。其中公共生活空间包括玄关、客厅、餐厅和书房等；私人生活空间主要包括卧室和卫浴间等；生活工作区空间包括厨房、阳台、走廊、更衣室和楼梯等。

1）玄关　玄关这一概念源于中国，《辞海》中解释玄关为道教的入道之门，经过后来的演变，泛指厅堂的外门，是中国传统家居的一种设置。过去中式民宅推门而见的"影壁"，就是现代家居中玄关的前身。中国传统文化中重视礼仪，讲究含蓄内敛，有一种"藏"的精神，所以在入门前设置了"影壁"这样一个过渡性的空间，对客人具有引导作用。在整体的空间环境中，玄关是首先映入眼帘的一个空间的标志性符号，它反映了主人的气质和品位。最重要的是，玄关作为房门入口的一个区域，能够增加住宅的私密性，避免客人一进门就对整个室内一览无余。

①玄关的功能设计　玄关作为家居环境中的重要部分，兼具着实用和审美两方面的特点。从实用角度来说，玄关可以方便居住者换衣、脱鞋、戴帽，所以应设置一些衣帽架、鞋柜和穿衣镜等（图 4-15）。同时，玄关作为一种视觉屏障，起到阻挡外界视线，保护居住者隐私的作用。

图 4-14　日式跃层式住宅

图 4-15　新中式玄关

②玄关的空间布置　根据住宅空间的不同，玄关分为封闭式、半封闭式和虚拟开放式三种基本布局形式。封闭式和半封闭式的玄关一般适用于面积较大或者是别墅住宅中，其形式

也多种多样，有圆形、L形、长方形和方形等。这类玄关的私密程度高，具有较高的独立性。虚拟开放式玄关往往适用于建筑面积较小的住宅。由于玄关面积有限，往往不作为一个独立的空间形态存在，一般是设计者根据业主的需求增加一个小空间，最常见的是利用隔断将入口处与起居室隔开，来满足收纳和缓冲功能。

③玄关设计的要点　关于玄关设计的要点，将从视觉界面、家具和照明三方面进行说明。玄关作为整个居室的"开端"，其视觉界面的设计既要有新颖性，又要与居室整体的风格相统一。

在玄关地面处理上，可以采取与客厅不同材质进行地面铺装。因玄关处使用率较高，所以玄关地面材料的选用应同时遵循易清洁、耐用和美观的原则。

在玄关顶棚界面的处理上，由于玄关处的空间较小，易显得局促压抑，因而设计者要通过局部吊顶来改变空间的比例和尺度，通常采用流畅的曲线造型或者是层次分明的几何造型。

玄关处家具的选择应该根据空间大小而定。大面积的玄关，可以设置落地式的家具，方便人们进出更换衣服和鞋子，小面积的玄关则可利用悬挂式的陈列架或敞开式的挂衣柜。

玄关作为过渡空间，灯光照明应该柔和，避免使用太过刺眼的强光。根据顶棚造型，可以合理安排筒灯、射灯、壁灯、轨道灯、吊灯、吸顶灯，既满足照明效果，又能突出别致的顶棚造型。

2）客厅　客厅是家庭活动的核心区域，也是整个住宅的交通枢纽，它是家庭成员逗留时间最长、最能集中表现家庭物质生活水平与精神风貌的空间。客厅作为住宅内具有多种功能的公共空间，设计时应该将多种因素综合考虑，如合理的照明方式、良好的隔声处理、适宜的温湿度、适宜的储藏位置与舒适的家具等，保证家庭成员的各种需要。

①客厅的功能设计　客厅是居住者的公共活动中心，同时也是家庭聚会不可或缺的场所。客厅承担着会客的重要职责，它是连接家庭与外界进行人际交往的纽带，为居住者与亲朋好友进行交流提供了舒适便捷的环境。基于客厅的开放性特征，在设计中应该突显主人的个人品位与特色，达到微妙的对外展示效果。

随着人们的生活质量不断提高，更多人注重精神享受。设计者应充分考虑客厅的娱乐休闲功能，如视听设备及视听环境设计，设计时注意考虑合理摆放视听设备，保证视听设备不要与居住者的行为活动产生冲突。同时，若客厅的空间较大，还可放置钢琴之类的大型音乐器材及棋牌桌等，这都需要根据实际情况进行设置，要控制好客厅中各个功能区之间的位置和面积大小。

在一些面积较小的住宅中，由于面积的限制没有设置独立书房，客厅可兼具阅读空间，可以设计以书柜为主的背景墙，既能满足收纳需求，又可以为业主营造了阅读的空间和阅读氛围。设计时还应注意阅读区对空间照明的要求。

②客厅空间布置形式　客厅的空间布局形式一般分为三种：第一种是半分离式布局，入口通道把起居室和餐厅划分为两个半分离式的空间区域，在视觉上会有延伸感（图4-16）；第二种是综合式布局，客厅和餐厅紧紧埃在一起，处于同一空间中，具有较高的紧凑性（图4-17）；第三种是分离式布局，起居室和餐厅处于两个相对独立的空间中，分别执行会客和就餐两种功能，也给人一种较高的私密性，但这种布局方式只能适用于面积相对较大的住宅。

图 4-16　半分离式布局

图 4-17　综合式布局

③客厅设计要点　客厅功能分区布置时，可以采用将功能相近的区域整合在一起的方法。对于功能冲突的空间，比如静态活动区和动态活动区，则应尽可能地分开设置在不同区域内或者错开使用的时间。

客厅界面设计时要从以下方面入手：

①设计者在材料的选择上，要根据室内的整体风格进行筛选。其中，客厅的地面铺装上，一般多采用天然石材、人造石材、地砖以及木地板等铺装材料。

②客厅作为住宅内部的公共空间，为方便清扫，一般不采用地毯或采用块毯进行局部铺设。

③顶棚的造型、材质、色彩等，应根据室内整体风格及客厅具体情况综合考虑而设置。

④在立面装饰设计时，因电视背景墙往往处于视觉的中心点位置，它的造型样式对室内的整体风格起决定作用，因此设计者应重视对背景墙的塑造。

同时，也应强调客厅的结构层次要分明，不能"面面俱到"，如果每个界面都进行装饰往往适得其反，造成人们视觉疲劳。依据顶棚的造型和立面的纹饰等进行调整，来营造风格鲜明、个性独特的客厅环境。

家具是客厅设计中的重要载体，设计者常利用沙发、茶几、座椅和电视柜的摆放方式，打造出多种不同空间布局形式。其中，常见的有 U 形的布局形式、L 形的布局形式、一字形的布局形式三种。

U 形的布局形式多适用于面积较大的住宅或别墅之中，通过沙发和座椅之间的组合，使空间呈现 U 形的布局，这种形式能够保证客厅会客空间的独立性，为居住者营造较为私密的交谈区域（图 4-18）；L 形的布局形式多用在中小型的室内空间中，一般由一个双人沙发或三人沙发再加上一个单人座椅或沙发组成，给人的视觉感受是一个立体的 L 字样（图 4-19）；一字形的布局形式适用于小型空间中，由于面积的约束，不宜摆放过多的家具，一个双人、三人或单人的沙发靠墙摆放，正对着电视背景墙，这样能给居住者留出较大的活动空间。

陈设品是客厅中的点睛之笔，不同风格的艺术陈设往往可以为空间增添意想不到的装饰效果。绿植、花卉作为居住空间中不可或缺的元素，为起居室带来自然清新的花草之香，造型独特的花盆或花瓶，也是一种具有独特美感的陈设品，将绿植、花卉置于起居室之中，既能起到净化空气的效果，又给予居住者别具一格的审美体验。

图 4-18 U 形布局

图 4-19 L 形布局

3）餐厅 餐厅顾名思义是居住空间中供居住者就餐的区域，位置一般会与厨房相邻，位于客厅与厨房之间，这样可以节约食品的供应时间并缩短就座的交通路线（图 4-20）。对于兼用餐厅的开敞空间环境，为了减少在就餐时对其他活动视线干扰，常用隔断、滑动墙、折叠门、帷幔、组合餐具橱柜等分隔进餐空间。餐厅设计中应注意餐桌的照明设计和色彩的应用，餐厅照明常设置餐台吊灯和射灯，餐厅用暖色系较冷色系更有助于提高就餐者的食欲。

图 4-20 餐厅效果图

4）卧室 卧室又称为卧房、睡房，通常分为主卧和次卧，是供人睡眠、休息的房间。卧房不一定必须有床，但至少有可供人躺卧之处。有些卧房还设有附属卫生间和更衣间。卧室布置得好坏，直接影响到人们的生活，因此设计时卧室往往作为家庭装修设计的重点之一。卧室的设计，首先注重实用，其次才是装饰。卧室设计时应注意以下原则。

①保证私密性 私密性是卧室最重要的属性，它不仅是供人休息的场所，还是家中最温馨与浪漫的空间。卧室要安静，隔声要好，可采用吸音性好的装饰材料；门采用不透明的材料完全封闭；窗帘设置纱帘和遮光帘。

②卧室不宜太大 空间面积以 20m² 以内为宜，具备布置床、床头柜、衣柜、梳妆台等卧室家具即可，如卧室有卫生间，可把梳妆区设在卫生间，卧室大的可分隔出更衣间。

③卧室装修风格应简洁 卧室的功能主要是睡眠休息，属私人空间，不向客人开放，所以卧室装修不必有过多的造型。床头上的墙壁可适当做点造型和点缀。卧室的壁饰不宜过多，还应与墙壁材料和家具搭配得当。卧室的风格与情调主要由床品、窗帘等软装饰决定，它们

的图案、色彩往往决定卧室的格调，成为卧室的主旋律。

④卧室色调、图案应注意和谐　墙面、地面、顶面的颜色要与卧室家具、窗帘、床上用品的色调搭配和谐，并应具有明确的主色调。卧室颜色还应注意淡雅、温馨，避免色彩、图案过于繁杂，给人凌乱的感觉。另外，面积较小的卧室，装饰材料应选偏暖色调、浅淡的小花图案。老年人的卧室宜选色彩明度与纯度较低的中性色系；儿童房的颜色宜新奇，色彩的明度和纯度应相对高一些，花纹、图案也要活泼一点；年轻人的卧室则应选择新颖别致、富有欢快、轻松感的图案。

⑤卧室的设施要注重使用方便　卧室设计时一定要考虑储物空间。床头两侧最好有床头柜，用来放置台灯、闹钟等随手可以触到的东西。有的卧室功能较多，还应考虑到梳妆台及休闲阅读区的设置。

⑥卧室灯光照明要讲究　尽量不使用装饰性强的吊灯。可采用向上打光的灯，既使房顶显得高远，又使光线柔和，不直射眼睛。除主光源外，还应设台灯或局部照明射灯，以备起夜或睡前阅读使用。光源以暖光源为主，营造温馨氛围，如黄色的灯光就会给卧室增添不少浪漫的情调（图4-21）。

图4-21　卧室光环境设置

4.2.2　室内设计风格

4.2.2.1　中式风格

中式风格是以宫廷建筑等为代表的中国古典建筑室内装饰设计艺术风格，其风格特点有：气势恢宏、富丽华贵、金碧辉煌、雕梁画栋，造型讲究对称，常运用高空间、大进深形式，色彩讲究对比，装饰材料以木材为主，图案多为龙、凤、龟、狮等，精雕细琢、瑰丽奇巧。

现代中式风格更多地利用了后现代手法，将中式元素融入空间设计中，如在墙上挂一幅中国山水画等。传统的书房里自然少不了书柜、书案及文房四宝。中式风格的客厅注重内蕴含蓄，体现人文气息。为了满足舒适感的需求，中式的环境中也常常用到沙发，但颜色仍然体现着中式的古朴。

新中式风格的代表是中国明清古典传统家具及中式园林建筑、色彩的设计造型。特点是对称、简约、朴素、格调雅致、文化内涵丰富，中式风格家居体现主人的较高审美情趣与社会地位（图4-22、图4-23）。

（1）中式风格特征

1）中式古典特征　中式古典风格的室内设计，主要体现在室内布置形式、线形元素、色调，以及家具与陈设的造型等方面，吸取传统装饰"形""神"的特征。如运用我国传统木构架建筑室内的藻井、顶棚、挂落、雀替的构成和装饰，明、清家具造型和款式特征。中式古典风格常给人以历史延续和地域文脉的感受，它使室内环境突出了民族文化渊源的形象特征。中国是个多民族国家，所以在谈及中式古典风格时，还包含民族风格。各民族由于地区、气候、环境、生活习惯、风俗、宗教信仰以及当地建筑材料和施工方法不同，具有独特的形式和风格。民族与地域性差别主要反映在布局、形体、外观、色彩、质感和处理手法等方面。

图 4-22　新中式风格客厅

图 4-23　新中式风格卧室

中式古典风格主要特征，是以木材为主要建材，充分发挥木材的物理性能，创造出独特的木结构或穿斗式结构。讲究构架制的原则，建筑构件规格化，重视横向布局。庭院组织空间采用装修构件分合，注重环境与建筑的协调，善于用环境创造气氛。运用色彩装饰手段，如彩画、雕刻、书法和工艺美术、家具陈设等艺术手段来营造意境。

2）新中式特征　新中式可以理解为"中国当代的传统文化表现"，其反映的是当代文化与传统文化的关系。

新中式风格诞生于中国传统文化复兴的新时期，伴随着国力增强，民族意识逐渐复苏，人们开始从纷乱的模仿和拷贝中整理出头绪。逐渐成熟的新一代设计队伍和消费市场在探寻中国设计界的本土意识之后，孕育出含蓄秀美的新中式风格。

如今中国文化风靡全球，"中国风"也应不断改进和发展，引领时代的潮流。传统中式元素与现代材质的巧妙融合，能叠加出别样的风情，如明清家具、窗棂、布艺床品相互辉映，再现了移步换景的精妙小品。继承明清时期家居理念的精华，将其中的经典元素提炼并加以丰富，同时改变原有空间布局中等级、尊卑等封建思想，给传统家居文化注入了新的气息。

（2）常见色系　中式风格常以原木色系为基础装饰色，整体色调较深，古典中式常用棕色、棕红色等实木家具体现整体色调，以红色、绿色、金色等传统中式风格的装饰色进行点缀装饰。新中式风格中也常用黑、白、灰或暗粉、青色等饱和度较低的颜色来衬托中式平静、淡雅的风格特色。

（3）造型元素

1）传统中国书画作品，如木雕、砖雕、石雕等。

2）传统吉祥纹样，如卍字纹、寿字纹等。其中，卍（读音：万）为佛教纹样，意为吉祥如意，功德圆满；寿字纹寓意健康长寿。

3）传统吉祥的动物装饰图案有蝙蝠、鹿、鱼、鸳鸯等。其中，蝠与福谐音，寓意有福；鹿与禄谐音，寓意厚禄；鱼与余谐音，寓意年年有余；鸳鸯比喻夫妻恩爱。

4）吉祥植物装饰图案有"梅、兰、竹、菊""岁寒三友""石榴"等。其中，梅、松、菊取意耐寒，寓意人不畏困难；松也寓意健康长寿；竹取意空心、有节，寓意人谦虚、有气节；兰寓意君子隐逸有操守；石榴寓意多子。

5）中式门窗，一般用棂子做成方格图案，有的方格窗中间有各式雕花图案。

4.2.2.2 欧式风格

（1）整体风格特征　欧式风格最早来源于埃及艺术，埃及于公元前30年抵御罗马的入侵之后，埃及文明和欧洲文明开始合源，后来经历并融合了希腊艺术、罗马艺术、拜占庭艺术、罗曼艺术、哥特艺术，构成了欧洲早期艺术风格，也就是中世纪艺术风格。

从文艺复兴时期开始，巴洛克艺术、洛可可风格、路易十六风格、亚当风格、督政府风格、帝国风格、王朝复辟时期风格、路易-菲利普风格、第二帝国风格等构成了欧洲主要艺术风格。这一时期是欧式风格形成的主要时期。其中，最具代表性的为巴洛克和洛可可风格，深受皇室贵族的钟爱（图4-24、图4-25）。

图4-24　欧式风格　　　　　　　　图4-25　简欧风格

（2）常见形式

1）柱式的形成：多立克柱式、爱奥尼柱式、科林斯柱式。

2）券拱技术和结构的形成。

3）穹顶和帆拱的结合。

4）形制与结构。

（3）造型元素 传统的欧式风格中，以巴洛克建筑风格和洛可可的装饰风格元素最为常见，卷曲的线条、柔和的色彩、利用植物变形塑造的装饰图案，当然其中也不乏古典柱式的运用。

（4）古典欧式特征 古典欧式风格最大的特点是在造型上极其讲究，给人的感觉端庄典雅、高贵华丽，具有浓厚的文化气息。在家具选配上，一般采用宽大精美的家具，配以精致的雕刻，整体营造出一种华丽、高贵、温馨的感觉。

在配饰上，金黄色和棕色的配饰衬托出古典家具的高贵与优雅，赋予古典美感的窗帘和地毯、造型古朴的吊灯使整个空间充满韵律感且大方典雅，柔和的浅色花艺为整个空间带来了柔美的气质，给人以开放、宽容的非凡气度，让人丝毫不显局促。壁炉作为居室中心，是这种风格最明显的特征，因此常被室内装饰装修广泛应用。

在色彩上，常以白色系或黄色系为基础，搭配墨绿色、深棕色、金色等，表现出古典欧式风格的华贵气质。在材质上，一般采用樱桃木、胡桃木等高档实木，表现出高贵典雅的贵族气质（图4-26、图4-27）。

图4-26 欧式古典餐厅

图4-27 欧式古典客厅

（5）欧式风格流派

1）法式风格 指的是法兰西国家的建筑和家具风格。主要包括法式巴洛克风格、洛可可风格、新古典风格、帝政风格等，是欧洲家具和建筑文化的顶峰（图4-28、图4-29）。

图4-28 法式风格书房（设计师：欧彩霞）

图4-29 法式风格客厅（设计师：欧彩霞）

2）北欧风格　主要具有简洁、自然、人性化的特点，在室内的顶、墙、地三个主要界面设置中完全不用纹样和图案装饰，只用线条、色块来区分点缀。在家具设计方面，则是简洁、直接、功能化，且贴近自然（图4-30、图4-31）。

图4-30　北欧风格一　　　　　　　　　　图4-31　北欧风格二

4.2.2.3　现代风格

（1）整体风格特征　现代风格是比较流行的一种风格，现代风格追求时尚与潮流，非常注重居室空间的布局与使用功能的完美结合（图4-32、图4-33）。现代主义也称功能主义，是工业社会的产物，其最早的代表是建于德国魏玛的包豪斯学校。主题是：要创造一个能使艺术家接受现代生产最省力的环境——机械的环境。这种技术美学的思想是20世纪室内装饰最大的革命。

图4-32　现代简约卧室　　　　　　　　　图4-33　现代风格

（2）主要流派

1）高技派　高技派或称重技派，注重"高度工业技术"的表现，高技派有以下几个明显的特征：

①喜欢使用最新的材料，尤其是将不锈钢、铝塑板或合金材料作为室内装饰及家具设计的主要材料；

②是对于结构或机械组织的暴露，如把室内水管、风管暴露在外，或使用透明的、裸露

机械零件的家用电器；

③在功能上强调现代居室的视听功能或自动化设施，家用电器为主要陈设，构件节点精致、细巧，室内艺术品均为抽象艺术风格。

高技派典型的实例为法国巴黎蓬皮杜国家艺术与文化中心（图 4-34）、中国香港中国银行等。

2）风格派　风格派起始于 20 世纪 20 年代的荷兰，以画家 P. 蒙德里安（P.Mondrian）等为代表的艺术流派。严格地说，它是立体主义画派的一个分支，认为艺术应消除与任何自然物体的联系，只有点、线、面等最小视觉元素和原色是真正具有普遍意义的永恒艺术主题。其室内设计方面的代表人物是木工出身的里特威尔德，他将风格派的思想充分表达在家具、艺术品陈设等各个方面，风格派的出现使包豪斯的艺术思潮发生了转折，它所创造的绝对抽象的视觉语言及其代表人物的设计作品对于现代艺术、现代建筑和室内设计产生了极其重要的影响。风格派认为"把生活环境抽象化，这对人们的生活就是一种真实"。

3）白色派　作品以白色为主，具有一种超凡脱俗的气派，被称为美国当代建筑中的"阳春白雪"（图 4-35）。埃森曼（Peter Eisenman）、格雷夫斯（Michael Graves）、格瓦斯梅（Charles Graves）、赫迪尤克（John Hedjuk）和迈耶（Richard Meier）的设计思想和理论原则深受风格派和柯布西耶的影响，对纯净的建筑空间、体量和阳光下的立体主义构图、光影变化十分偏爱。故白色派又被称为早期现代主义建筑的复兴主义。

图 4-34　法国巴黎蓬皮杜国家艺术与文化中心

图 4-35　白色派

4）极简主义　极简主义也译作简约主义或微模主义，是第二次世界大战之后于 20 世纪60 年代所兴起的一个艺术派系，又可称为"Minimal Art"，作为对抽象表现主义的反动而走向极致（图 4-36）。

5）装饰艺术　装饰艺术是一种重装饰的艺术风格，同时影响了建筑设计的风格，它的名字来源于 1925 年在巴黎举行的世界博览会及国际装饰艺术及现代工艺博览会。当其在 20 世纪 20 年代初成为欧洲主要的艺术风格时并未在美国流行，大约 1928 年才在美国流行。Art Deco 这个词虽然在 1925 年的博览会创造，但直到 20 世纪 60 年代对其再评估时才被广泛使用，其实践者并没有像风格统一的设计群体那样合作。它被认为是折中的，被各式各样的资源而影响，还被起了很多名字。

6）后现代风格　对于后现代风格，各个理论家有自己不同的理解，有些认为仅仅指某种设计风格，有些认为是现代主义之后整个时代的名称。在这个名称的使用上，建筑理论界都还没有达成统一的标准和认识。笼统的划分，可以说20世纪40年代到60年代是现代主义建筑、国际主义风格垄断的时期，70年代开始是后现代主义时期。60年代末期，经历了30年的国际主义垄断建筑，产品和平面设计的时期，世界建筑日趋相同，地方特色、民族特色逐渐消退，建筑和城市面貌日渐呆板、单调，加上勒·柯布西耶的粗野主义，往日具有人情味的建筑形式逐步被非人性化的国际主义建筑取代。建筑界出现了一批青年建筑家试图改变国际主义面貌，引发了建筑界的大革命。美国建筑师斯特恩提出后现代主义建筑有三个特征：采用装饰；具有象征性或隐喻性；与现有环境融合。

后现代主义有一种现代主义纯理性的逆反心理，后现代风格强调建筑及室内设计应具有历史的延续性，但又不拘泥于传统的逻辑思维方式，探索创新造型手法，讲究人情味，常在室内设置夸张、变形、柱式和断裂的拱券，或把古典构件的抽象形式以新的手法组合一起，即采用非传统的混合、叠加、错位、裂变等手法和象征、隐喻等手段，创造一种融感性与理性、集传统与现代、糅大众和行家于一体的即"亦此亦彼"的建筑和室内环境。对后现代风格不能仅仅以所看到的视觉形象来评价，从设计思想来分析，后现代风格的代表人物有P.约翰逊、R.文丘里、M.格雷夫斯等。

后现代主义风格代表作有：澳大利亚悉尼歌剧院（图4-37）、巴黎蓬皮杜国家艺术与文化中心、摩尔的新奥尔良意大利广场等。

图4-36　极简主义

图4-37　澳大利亚悉尼歌剧院

7）解构主义　解构主义是从20世纪80年代晚期开始的后现代建筑思潮，它的特点是把整体破碎化（解构）。主要特点是对外观的处理，通过非线性或非欧几里得几何的设计，来形成建筑元素之间关系的变形与移位，如楼层和墙壁，或者结构和外廓（图4-38）。大厦完成后的视觉外观产生的各种解构"样式"，以刺激性的不可预测性和可控的混乱为特征。

8）新现代主义　一种从20世纪末期到21世纪初的建筑风格，最早在1965年出现。新现代建筑是透过新的简约而平民化的设计对后现代建筑的复杂建筑结构及折中主义的回应。有评论指出，这种对现行建筑风格的反思精神，正是当代中国建筑所缺乏的，从而导致建筑师们以模仿代替创作、以平庸代替创新。"新现代建筑"这个名词亦被用于泛指现时的建筑（图4-39）。

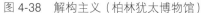

图4-38　解构主义（柏林犹太博物馆）

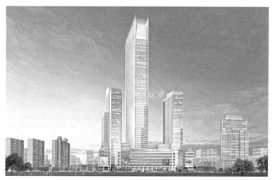

图4-39　新现代主义（戛纳总部大厦）

4.2.2.4　田园风格

（1）整体风格特征　田园风格是通过装饰装修表现出田园的气息，不过这里的田园并非农村的田园，而是一种贴近自然，向往自然的风格。田园风格倡导"回归自然"，在美学上推崇"自然美"，认为只有崇尚自然、结合自然，才能在当今高科技快节奏的社会生活中获取生理和心理的平衡。因此田园风格力求表现悠闲、舒畅、自然的田园生活情趣。在田园风格里，粗糙和破损是允许的，因为只有那样才更接近自然。

田园风格之所以称为田园风格，是因为田园风格表现的主题以贴近自然，展现朴实生活的气息。田园风格最大的特点就是朴实、亲切、实在（图4-40、图4-41）。

图4-40　田园风格一

图4-41　田园风格二

（2）田园风格常见流派　田园风格根据其地域特点和特征，又细分为很多种，常见的有：英式田园、美式乡村、中式田园、法式田园、南亚田园等。

1）英式田园　英式田园家具多以奶白、象牙白等白色为主，高档的桦木、楸木等做框架，配以高档的环保中纤板做内板，优雅的造型，细致的线条和高档油漆处理，使得每一件产品像优雅成熟的中年女子，含蓄温婉内敛而不张扬，散发着从容淡雅的生活气息，又宛若姑娘清纯脱俗的气质，无不让人心潮澎湃，浮想联翩。

2）美式乡村　美式田园风格又称为美式乡村风格，属于自然风格的一支，倡导"回归自然"，在室内环境中力求表现悠闲、舒畅、自然的田园生活情趣，也常运用天然木、石、藤、竹等材质质朴的纹理。巧于设置室内绿化，创造自然、简朴、高雅的氛围。美式田园风格有务实、规范、成熟的特点。

3）中式田园　中式田园风格的基调是丰收的金黄色，尽可能选用木、石、藤、竹、织物等天然材料装饰。软装饰上常有藤制品，有绿色盆栽、瓷器、陶器等摆设。中式风格的特点是在室内布置、线形、色调以及家具、陈设的造型等方面，吸取传统装饰"形""神"的特征，以传统文化内涵为设计元素，革除传统家具的弊端，去掉多余的雕刻，糅合现代西式家居的舒适，根据不同户型的居室，采取不同的布置。

4）法式田园　数百年来经久不衰的葡萄酒文化，自给自足，自产自销的法国后农业时代的现代农庄对法式田园风格影响深远。法国人轻松惬意，与世无争的生活方式使得法式田园风格具有悠闲、小资、舒适而简单，生活气息浓郁的特点。最明显的特征是家具的洗白处理及配色上的大胆鲜艳。洗白处理使家具流露出古典家具的隽永质感，黄色、红色、蓝色的色彩搭配，则反映丰沃、富足的大地景象。而椅脚被简化的卷曲弧线及精美的纹饰也是优雅生活的体现。

5）南亚田园　家具风格显得粗犷，但平和而容易接近。材质多为柚木，光亮感强，也有椰壳、藤等材质的家具。做旧工艺多，并喜做雕花。色调以咖啡色为主。田园风格的用料崇尚自然，砖、陶、木、石、藤、竹……越自然越好。在织物质地的选择上多采用棉、麻等天然制品，其质感正好与乡村风格不饰雕琢的追求相契合，有时也在墙面挂一幅毛织壁挂，表现的主题多为乡村风景。不可遗漏的是，田园风格的居室还要通过绿化把居住空间变为"绿色空间"，如结合家具陈设等布置绿化，或者做重点装饰与边角装饰，还可沿窗布置，使植物融于居室，创造出自然、简朴、高雅的氛围。

4.2.2.5　地中海风格

地中海风格具有自由奔放、色彩多样明亮的特点。在家具选配上，通过擦漆做旧的处理方式，搭配贝壳、鹅卵石等，表现出自然清新的生活氛围；在材质上，一般选用自然的原木、天然的石材等，用来营造浪漫自然；在色彩上，以蓝色、白色、黄色为主色调，看起来明亮悦目（图4-42）。

地中海风格是类海洋风格装修的典型代表，因富有浓郁的地中海人文风情和地域特征而得名。地中海风格装修是最富有人文精神和艺术气质的装修风格之一。它通过空间设计上连续的拱门、马蹄形窗等来体现空间的通透；用栈桥状露台，开放式房间功能分区体现开放性；通过一系列开放性和通透性的建筑装饰语言来表达地中海装修风格的自由精神内涵；同时，它通过取材天然的材料方案，来体现向往自然、亲近自然、感受自然的生活情趣，进而体现地中海风格的自然思想内涵；地中海风格装修还通过以海洋的蔚蓝色为基色调的颜色搭配方案，自然光线的巧妙运用，富有流线及梦幻色彩的线条等软装特点来表述其浪漫情怀；在家具设计上大量采用宽松、舒适的家具来体现地中海风格装修的休闲体验。因此，自由、自然、浪漫、休闲是地中海风格装修的精髓（图4-43）。

图4-42　地中海风格一　　　　　　　　　图4-43　地中海风格二

4.2.2.6　其他风格

（1）美式风格　美式风格，顾名思义是来自于美国的装修和装饰风格，是殖民地风格中最著名的代表风格，某种意义上已经成了殖民地风格的代名词。美国是个移民国家，把世界各民族各地区的装饰装修和家具风格都带到了美国，同时由于美国地大物博，极大地满足了移民们对尺寸的欲望，使得美式风格以宽大、舒适、杂糅各种风格而著称。美式风格是美国生活方式演变到今日的一种形式。

美国是一个崇尚自由的国家，这也造就了其自在、随意的不羁生活方式，没有太多造作的修饰与约束，不经意中也成就了另外一种休闲式的浪漫，而美国的文化又是一个移植文化为主导的脉络，它有着欧罗巴的奢侈与贵气，但又结合了美洲大陆这块水土的不羁，这样结合的结果是剔除了许多羁绊，但又能找寻文化根基的新的怀旧、贵气加大气而又不失自在与随意的风格。美式家居风格的这些元素也正好迎合了时下的文化资产者对生活方式的需求，即：文化感、贵气感、自在感与情调感。

美式风格借鉴结合了古典主义和新古典主义风格的元素和特点，具有古典情怀。强调简洁、明朗的线条和优雅风度的装饰，注重实用性、质感和细节。色彩丰富，包容性强，集多种风情于一体（图4-44、图4-45）。

美式风格家居就如同美国独立精神一般，讲究的是如何通过生活经历去累积自己对艺术的启发及对品味的喜好，从中摸索出独一无二的美学空间。家居自由随意、简洁怀旧、实用舒适；暗棕、土黄为主的自然色彩；欧洲皇室家具平民化、古典家具简单化；家具宽大、实用舒适；侧重壁炉与手工装饰，追求粗犷大气、天然随意。美式风格有以下特点。

图 4-44　美式风格客厅

图 4-45　美式风格餐厅（设计师：欧彩霞）

1）讲究简洁　因为风格相对简洁，细节处理便显得尤为重要。美式家具一般采用胡桃木和枫木，为了突出木质本身的特点，它的纹理本身成为一种装饰，可以在不同角度下产生不同的光感，这使美式家具比金光闪闪的欧式家具更耐看。

2）单一为主　美式家具的油漆多半以单一色为主，而欧式或新古典家具大多会加上金色或其他色彩的装饰条。至于在装饰上，美式家具仍会延续欧洲家具的风铃草、麦束等图案装饰，但也可以加入美国特有的图形，如鹰形图案等，并常用镶嵌的装饰手法，饰以油漆或浅浮雕雕刻。

3）注重实用　美式家具的另一个重要特点就是它的实用性比较强，如有专门用于缝纫的桌子，可以加长或折成几张小桌子的大餐台等。另外，美式家具中的五金饰比较考究，小小一个拉手便有上百种造型。正是这些小玩意使得美式家具更具风格。

4）讲究氛围　不要认为因为崇拜仿古，美式家居就严肃刻板，在这点上和中国的传统家居的特点有所不同。美式家居很多都是感人和温馨的，因为美国人认为房子是用来住的，不是用来欣赏的，要让住在其中或偶尔来往的人都感到温暖，才是美式风格家居的真正设计精髓。

（2）东南亚风格　东南亚风格是一种结合了东南亚民族岛屿特色及精致文化品位的家居设计方式，多适宜喜欢静谧与雅致、奔放与脱俗的装修业主。

东南亚风格广泛地运用木材和其他的天然原材料，如藤条、竹子、石材、青铜和黄铜，深木色的家具，局部采用一些金色的壁纸、丝绸质感的布料，灯光的变化体现了稳重及豪华感（图 4-46）。东南亚风格有以下特点。

1）取材上以实木为主，主要以柚木（颜色为褐色以及深褐色）为主，搭配藤制家具以及布艺装饰（点缀作用），常用的饰品有抱枕、砂岩、黄铜、青铜、木梁、窗落等。

2）在线条表达方面，比较接近于现代风格，以直线为主，主要区别是在软装配饰品及材料上。现代风格的家具往往都是金属制品、机器制品等，而东南亚风格的材料主要用的就是实木与藤。在软装配饰品上，现代风格的窗帘比较直观，而东南亚风格的窗帘都是深色系，而且还要是炫彩的颜色，它可以随着光线的变化而变化。

3）饰品选用富有禅意，例如蕴藏较深的泰国古典文化，它给人的感受是：禅意、自然、清新。

4）在配色方面，比较接近自然，采用一些原始材料的色彩搭配。

（3）和式风格　和式风格是源于日本的一种风格，其空间意识极强，形成"小、精、巧"的模式，利用檐、龛空间，创造特定的幽柔润泽的光影（图4-47）。明晰的线条，纯净的壁画，卷轴字画，室内宫灯悬挂，伞作造景，格调简朴高雅。和式风格另一特点是屋、院通透，注重利用回廊、挑檐，使得回廊空间敞亮、自由。和式风格追求的是一种休闲、随意的生活意境。空间造型极为简洁，在设计上采用清晰的线条，而且在空间划分中摒弃曲线，具有较强的几何感。和式风格最大的特征是多功能性，如白天放置书桌就成为客厅，放上茶具就成为茶室，晚上铺上寝具就成为卧室。和室风格有以下特点。

图 4-46　东南亚风格

图 4-47　和式风格

1）实用　和室装饰之所以能在世界装饰上独占一席，其特点就它的实用性远远高于其他风格的装饰。白天在室内放上几个坐垫、摆上一张和式桌，这个空间就可以当作客厅、餐厅、儿童房和书房；晚上将卧具铺在榻榻米席面上，这个空间就成了卧室。解决业主客房、次卧利用率低的烦恼，对于住房并不宽裕的人来说，一室多用也是最佳的设计，这是其他风格的装饰所不能比的。

2）简约　日式家居中强调的是自然色彩的沉静和造型线条的简洁，和室的门窗大多简洁透光，家具低矮且不多，因此，和室也是扩大居室视野的常用方法。

3）材料自然环保　从选材到加工，和室材料都是精选优质的天然材料（草、竹、木、纸），经过脱水、烘干、杀虫、消毒等处理，确保了材料的耐久与卫生，既给人回归自然的感觉，又不会产生对人体有害的物质。

4.2.3　室内界面设计

4.2.3.1　室内空间的界面设计

室内界面既是构成室内空间的物质元素，又是室内进行再创造的有形实体。室内界面的设置直接影响室内空间的分隔、联系、组织和氛围的创造，同时也是造价控制的主要因素。因此，界面是室内设计中的重要内容。

（1）界面设计的内容　室内界面通常由室内空间的顶面（包括吊顶）、底面（楼、地面）

和侧面（墙面、隔断）几部分围合而成。在人们使用室内空间过程中，最直观的感受往往正是通过各界面所传达出来的，因此空间界面是室内设计中主要的内容。在进行室内设计时，我们要从室内的整体出发，进行整体分析与构思使界面能够与空间有机的协调。落实到室内设计过程中，在室内整体风格、室内空间组织、平面布局基本确定之后，界面设计就成为最重要的内容。只有通过对各界面的设计，才能将确定的风格、空间组织落在实处，从而使室内空间达到预期的功能需求和装饰效果。

在设计中，因各室内空间对功能和氛围的要求不同，构思立意不同，业主的喜好不同，造价控制要求存在差异，安装及施工条件不同，界面设计的表现内容和手法也多种多样。如为了表现技术美，可在室内暴露设备、结构体系与构件构成关系；为了表现材质美，常强调界面材料的质地与纹理造型（图 4-48）；为了体现光影美，常利用界面凹凸、漏空等形态变化与光影变化形成独特效果（图 4-49）；为了表现色彩美，会强调界面色彩、色彩构成关系、光色明暗冷暖设计及强调界面图案等。

图 4-48 表现材料质感

图 4-49 表现光影效果

界面设计从界面组成角度可分为顶界面——顶棚、吊顶设计，底界面——地面、楼面设计，侧界面——墙面、隔断设计三部分。从设计手法上主要分为界面造型设计、界面色彩设计、界面材料与质感设计。此外，作为材料实体的界面，除了界面的造型、色彩与材质设计（包括材料的选用和构造）外，界面设计还需要与建筑室内的设施、设备进行协调，如界面与风管尺寸及出、回风口的位置的协调，界面与嵌入灯具或灯槽设置的结合，以及界面与消防喷淋、报警、通讯、音响、监控等设施的接口关系等。

（2）界面设计的要求　对底、侧、顶各界面设计时，除充分考虑满足功能性外，还应满足安全、实用、美观、环保、经济的要求，具体如下：

①必要的隔热、保暖、隔声、吸声性能；

②满足耐久性及使用期限要求；

③具有一定的耐燃及防火性能，应尽量采用不燃及难燃性材料，避免采用燃烧时释放大量浓烟及有害气体的材料；

④易于制作安装和施工，便于更新；

⑤营造空间氛围与装饰要求；

⑥无毒，指散发气体及有害物质低于核定剂量，并具有无害的核定放射剂量；

⑦满足造价控制要求。

（3）各类界面的功能特点

①顶界面（平顶、顶棚）　应满足质轻、光反射率高、保温、隔热、隔声、吸声等要求。

②底界面（楼面、地面）　应具有防滑、耐磨、易清洁、防静电等特点。

③侧界面（墙面、隔断）　除了挡视线外，应具有较高的保温、隔热、隔声、吸声的要求。

4.2.3.2　顶界面——顶棚设计

顶棚作为空间的顶界面，最能反映空间的形态及关系。设计者应根据空间的构思立意，综合考虑建筑的结构形式、设备要求、技术条件等，来确定顶棚的形式和处理手法。顶棚作为水平界定空间的实体之一对于界定、强化空间形态、范围及各部分空间关系有着重要作用。另外，顶棚位于空间上部，具有位置高、不受遮挡、透视感强、引人注目的特点，因此通过顶棚的艺术处理，可以达到突出重点，增强空间方向感、秩序与序列感等艺术效果的作用（图4-50、图4-51）。

图4-50　顶棚（一）

图4-51　顶棚（二）

顶棚随空间特点的不同，有各式各样的处理手法。从与结构的关系角度来说，一般分为显露结构式、半显露结构式、掩盖结构式。其中，后两种形式主要通过吊顶形式来完成。显露结构式和半显露结构式较掩盖结构式顶棚既节约材料和资金，又较为环保，尤其是在层高较低的居住空间中被广泛地使用。以上三种顶棚形式均糅合了造型、色彩、材质等多种设计内容，具体归纳如下。

（1）显露结构式　顶棚完全暴露空间结构和设备的做法。在层高较低的居住空间中常被使用。同时，显露结构式也是近现代建筑公共空间中常用的结构，有的具有独特造型，如壳体、穹隆、膜结构等，可以塑造形态丰富多变的顶棚。

（2）半显露结构式　在条件允许的情况下，顶棚设计应当和结构（设备）巧妙地相结合，在重点空间上部或需遮挡设备等部位做部分吊顶。

（3）掩盖结构式　采用完全吊顶的顶棚处理方式。吊顶以各式各样的形式，营造出丰富多彩的室内空间艺术形象。吊顶常从以下角度展开设计。

1）造型角度 从造型角度来说，吊顶除传统的平顶、穹顶、井格式、吊顶外凸、内凹及图案装饰式等基本造型外（图4-52）。常见的设计手法还有顶棚与墙面的整体式设计，顶棚采用一定的主题或几何造型组合的设计，其中造型或图案常与其他界面有所呼应（图4-53），以灯具丰富顶面造型的手段。

图 4-52 吊顶造型

图 4-53 造型呼应

2）光角度 从光的角度，顶棚分为具有自然采光功能的顶棚和通过照明手段形成的发光顶棚。前者通过各种形式的天窗使室内空间明亮、开朗，光影变化丰富，并节约能源（图4-54）；后者除满足照明要求外，还可以突出主题、烘托气氛，同时灯具也是顶棚造型的重要手段（图4-55）。

图 4-54 天窗采光

图 4-55 灯具与顶棚造型

3）色彩角度 色彩对于人的心理影响很大，处理室内界面时尤其不容忽视。一般来说，暖色可以使人产生紧张、热烈、兴奋等情绪，而冷色则使人产生安定、幽雅、宁静等情绪。暖色使人感到膨胀和靠近，冷色使人感到收缩和隐退。因此，两个大小相同的房间，着暖色会相应显得小，着冷色则会相应显得大。不同明度的色彩，也会使人产生不同的感觉。明度高的色调使人感到明快、兴奋,明度低的色调使人感到压抑、沉闷。此外,色彩的深浅度带给人的重量感也不同。浅色给人的感觉轻,深色给人的感觉重。因此,室内色彩一般多遵循上浅下深的原则来处理。即自上而下,顶棚最浅,墙面稍深,护墙更深,踢脚板与地面最深(图 4-56)。这样上轻下重,空间稳定感好。另外,顶棚对室内空间的反光能为空间照明起到补充,因此,一般顶棚选用室内色彩中明度最高的,白色、淡蓝、淡黄等色彩。但在某种情况下为了营造气氛,也会采取顶棚用低明度、较深的色彩(图 4-57)。

图 4-56　色彩上浅下深　　　　　　　　图 4-57　顶棚深色设计

4)材质角度　任何一种材料都具有其特殊质感。材料的质感可以归纳为:坚硬与柔软、粗犷与细腻、粗糙与光滑、温暖与寒冷、华丽与朴素、沉重与轻巧等基本感觉形态。传统材料,如木、竹、藤、布艺等往往能给人们以朴素、温暖、亲切感,人工制造材料,如铁、钢、铝合金、玻璃等则简洁明快、精致细腻,能造出机械美、几何美,也往往很有秩序感。不同质地和表面不同加工的材料,给人的感受也不一样,如平整光滑的大理石——整洁、精密;镜面不锈钢——精密、高科技;纹理清晰的木材——自然、亲切等。因此,顶棚设计应充分考虑空间功能要求,根据材料的特性,选择合适的材料。顶棚设计从材料的生成方式,可分为体现传统自然材质的田园式顶棚和体现现代材料技术、人工材质的现代感顶棚。从材质角度又可分为软质顶棚和硬质顶棚两种形式。其中,软质顶棚主要指使用布艺等质感柔软材料的顶棚,硬质顶棚主要体现在选用质感坚硬的材料以及硬朗的造型。硬质吊顶常用到以下材料与做法。

①轻钢龙骨(木龙骨)、纸面石膏板、乳胶漆饰面,常用于没有特殊造型的吊顶。乳胶漆也可用其他涂饰材料替换,或用彩绘等形式装饰,壁纸现已很少用于吊顶。

②有造型吊顶或造型部分常用木龙骨、木质基层板(木夹板、细木工板、中密度纤维板)、纸面石膏板、乳胶漆饰面。

③厨房、卫生间等常用轻钢龙骨(木龙骨)、铝扣板(PVC 扣板)。

④面层材料除纸面石膏板、乳胶漆饰面外,居住空间也常用到木饰面(木皮、三聚氰胺饰面板等)、玻璃(包括各种颜色的镜面玻璃)、金属饰面等材料。除以上常见的饰面材料外,其

他的饰面材料只要能达到质量轻、强度高的要求也均能用于吊顶面层，如皮革饰面、铝塑板、亚克力板、石材超薄板（超薄石材与铝蜂窝组成的复合饰面材料）等。

（4）顶棚与结构、相关设备　室内空间的结构体系、楼板厚度、梁高、风管的断面尺寸及水、电管线的走向和铺设要求等，都是室内设计时所必须考虑到的内容。对于顶棚设计来说，如风管、水管等设施往往分布于顶面楼板和梁的下部，而吊顶又要遮挡住这些设施。因此，吊顶形式和做法受竖向尺寸上的空间顶面结构和设施的多重因素制约。此外，顶面设计还要考虑与设在顶面的送、回风口位置，嵌入灯具、灯槽的形式与尺寸，顶面与消防喷淋、报警、通讯、音响、监控等设施的接口关系等。

4.2.3.3　底界面——地面设计

楼地面作为空间的底界面，以水平面的形式体现。由于地面承托家具、设备和人的活动，因而其显露的程度是有限的。从这个层面上来看，地面给人的影响会较顶棚小一些。但从另一角度看，地面又最先被人的视觉所感知，所以它的形态、色彩、质地和图案也将直接影响室内气氛。

（1）地面造型设计　地面的造型主要通过地面凸、凹形成有高差变化的地面，而凸出、凹入部分的造型可以有方形、圆形、自由曲线形等形态，使室内空间富有变化（图4-58）。另外，可通过地面图案的处理来进行地面造型设计。地面图案一般有：抽象几何形、具象植物和动物图案、主题式（标识或标志）等。地面的形态设计往往与空间、顶棚的形态相呼应，使主要空间的主题和艺术效果更加的鲜明、突出。

（2）地面的色彩设计　地面色彩与墙面色彩一样对空间物体起衬托作用的同时，又具有呼应和加强墙面色彩的作用，所以地面色彩应与墙面、家具的色调相协调。通常地面色彩应比墙面稍深一些，常选用低彩度、含灰色成分较高的色彩，常用的色彩有：暗红色、褐色、深褐色、米黄色、木色，以及各种浅灰色和灰色等。

（3）地面的光艺术设计　在地面设计中，有时可利用光的处理手法来取得独特的效果。在地面下方设置灯光或配置地灯，既丰富了视觉感受，又可起到引导作用。地面的光设置除了导向外，还能作为地面的装饰图案（图4-59）。

图4-58　地面拼花　　　　　　　　　　　　图4-59　地面灯光引导

（4）地面的材质设计 地面一般选用比较耐磨、便于清洗的材料，如天然石材（大理石、花岗石、鹅卵石）、人造石材、水磨石、地砖等。根据空间需求不同，有时也会选用清理和保养较为复杂的实木地板、地毯等高档材料（图4-60）。石材因其独特的色泽和纹理能突显整洁效果和大气、高端氛围；鹅卵石常用于地面的点缀，可以营造古朴、自然的室内气氛；地砖铺地虽变化较少，但更为整洁、明快，且伴随地砖生产工艺提高，多种色彩、质感的地砖丰富了设计者的选择，同时地砖的清理和维护相对简单（图4-61）；木地板因其特有的自然纹理和表面的光洁处理，不仅视觉效果好，而且显得雅致，有情调；地毯的脚感柔软，保暖、吸声等性能良好，缺点是清理较为复杂。地面设计时应根据不同空间地面需求和造价控制等情况选择相应材质及其构造形式。同时，也可使用两种或多种材料，既界定不同的功能空间，又丰富了地面的变化。

图4-60 木地板与地毯

图4-61 地砖应用

4.2.3.4 侧界面——墙面、隔断的设计

（1）墙面设计 墙面处理中，大至门窗，小到灯具、通风孔洞、线脚、细部装饰，必须整体考虑使其互相有机联系，才能获得完整统一的效果。

1）墙面造型设计 墙面造型或形态设计时，首先应考虑的是虚实关系的处理。一般门、窗、漏窗为虚，墙面为实，因此门窗与墙面形状、大小的对比和变化往往是决定墙面形态设计成败的关键。墙面的设计应根据每一面墙的特点，或以虚为主，虚中有实；或以实为主，实中有虚，应尽量避免虚实各半、平均分布的处理（图4-62）。

其次，通过墙面图案的处理来进行墙面造型设计，可以对墙面进行分格处理，使墙面图案肌理产生变化（图4-63）；采用各种图案的墙纸与面砖丰富墙面设计；还可以通过几何形体在墙面上的组合构图、凹凸变化，构成具有立体效果的墙面装饰；有时，整面墙用绘画手段处理或采用壁画，既丰富了视觉感受，又能在一定程度上强化空间主题（图4-64）。

另外，墙面造型设计还应当正确地显示空间的尺度和方向感，不恰当的虚实对比关系、墙面分格形式、肌理尺度都会造成错觉，并歪曲空间的尺度感和方向感。在一般情况下，低矮空间的墙面多适合于采用竖向分割的处理方法，高耸空间的墙面多适合于采用横向分割的处理方法，这样可以从视觉心理上相应增加和降低空间高度。此外，横向分割的墙面常具有水平方向感和安定感，竖向分格的墙面则可以使人产生垂直方向感、兴奋感和高耸感（图 4-65）。

图 4-62　墙面虚实处理

图 4-63　墙面肌理

图 4-64　主题壁画

图 4-65　竖向分格

2）墙面的光设计　利用光作为墙面的装饰要素，使墙面和墙面围合的空间环境独具魅力。一是通过在墙面不同部位设不同形态的洞口或窗，把自然光与空气引入，一天之中随着光线的缓缓移动，光与色彩、空间、墙体奇妙地交织在一起，形成墙面、空间的虚实、明暗和光影形态变化（图 4-66）。同时，室外空间在视觉上流通，把室外景观引入室内，增加室内空间活动。二是通过墙面人工照明设计，营造空间特有的气氛（图 4-67）。

图 4-66　墙面自然光

图 4-67　墙面人工照明设计

3）墙面的材质设计　合理使用和搭配装饰材料，使墙面富有特点，如采用木材、石材（图 4-68）、软包（图 4-69）对墙面进行装饰，均能获得很好的装饰效果。

图 4-68　石材墙面装饰（设计师：罗富荣）

图 4-69　软包墙面

4）墙面的色彩设计　墙面在室内占有面积最大，其色彩往往构成室内的基本色调，其他部分的色彩都受其约束。居住空间墙面色彩通常也是室内物体的背景色，它一般采用低彩度、高明度的色彩（图 4-70）。这样处理不易使人产生视觉疲劳，同时可提高与家具色调的适应性。对于有特殊功用的房间，如儿童房等，应根据功能需要采用恰当的色彩。设计墙面色彩时应考虑房间朝向、气候等条件，同时还应与建筑外部的色彩相协调，忌用建筑外环境色调的补色。如若室外有大片红墙面，则室内墙面不宜用绿色和蓝色；室外为大片绿荫，则室内不宜用红色或橙色。踢脚线的明度要低于墙面，并且要与地面区别开。

（2）隔断　室内设计中，往往需要利用隔断分隔空间和围合空间，它比用地面高差变化或顶棚顶部造型变化来限定空间更实用和灵活，隔断可以脱离建筑结构而自由变动、组合。隔断除具有划分空间的作用外，还能增加空间的层次感，组织人流路线，增加空间中可依托的边界等（图 4-71）。

图 4-70　低彩度、高明度的餐厅色彩

图 4-71　隔断应用

隔断从形式上来分，可分为活动隔断和固定隔断。活动隔断如屏风，兼有使用功能的家具，以及可搬动的绿植等。固定隔断又可分为实心固定隔断和漏空式固定隔断。采用实心固定隔断来划分空间，使被围合的空间更有私密性；采用漏空通透的网状隔断，使空间分中有合，层次丰富。从材料运用来分，可分为砌筑隔断、玻璃隔断、木装饰隔断和布艺隔断等。

此外，墙面设计还应综合考虑多种因素，如墙体的结构、造型和墙面上所依附的设备等，更重要的是应自始至终地把整体空间构思、立意贯穿其中。然后动用一切造型因素，如点、线、面组合，不同的色彩，不同的材质，选择适当的手法，使墙面设计合理、美观，同时呼应及强化主题。

4.2.4　家具与陈设品选型与配置

4.2.4.1　家具及陈设品作用

（1）营造和烘托空间氛围　家具与陈设是室内装饰的重要组成部分，也是居住空间效果及风格表现的重要构成要素，不仅需要具备实用性，而且需要具备装饰功能。

家具的样式、材料、色彩、制作工艺都对空间氛围的营造起到重要的推动作用。如中式家具可营造出浓郁的传统风格，欧式家具带来异域文化，藤艺家具可营造出自然的乡土气息，玻璃和金属家具能够表达出强烈的工业风格，板式彩色家具体现出跃动的时代气息。

现代居住空间的家具，应在符合人体工程学的基础上，在结构合理的前提下，充分运用各种造型和装饰元素，使用新材料和新的加工工艺。根据不同的使用人群需求，对居住空间的家具使用，进行合理地选择与设计，满足人们日益增长的生活需要和审美要求（图4-72）。

（2）强化风格，体现空间特色　家具陈设因造型、色彩、图案、质地、历史时期等因素的不同，往往形成不同的风格特色。家具陈设的合理选配可强化室内装饰的风格，同时体现业主的喜好、品位、个性等，在美化空间环境的同时，彰显空间特色。如在欧式风格中，配以深色带有西方复古图案及非常细化造型的家具，可以强化室内的风格特点（图4-73）。

图4-72　中式家具（清华园　设计师：罗富荣）　　　　图4-73　欧式风格家具

（3）组织空间，丰富空间功能　居住空间的不可移动性决定了其原始形态的固定性，而家具陈设可以在一定程度上对空间进行二次组织与划分，尤其是一些体量较大、造型独特、风格鲜明、色彩鲜艳的陈设品通过特定的放置，能够在居住空间中起到明确空间特征，提高空间利用率，使空间在功能及布局上更加合理的作用。例如：在餐厅中利用桌椅来分隔就餐和其他空间，利用屏风、博古架等划分子空间，在入户玄关设置衣帽柜等。

（4）柔化空间　装修工程完成后，室内空间具备了基本的使用功能，但尚不能满足正常居住的需要，需要陈设品作为装饰补充，对空间进行柔化和完善。如安装窗帘、放置绿色植物，可以柔化室内的生硬感；张贴悬挂图片、摆放工艺品可以给空间增添温暖的感觉（图4-74）。

图4-74　工艺品营造温暖空间

4.2.4.2　家具分类

（1）按使用功能

1）坐卧类　可支持整个人体及其活动的家具，如椅、凳、沙发、床等。

2）凭倚类　能够满足人进行操作的平台，如书桌、餐桌、几案等。

3）贮藏类　作为收纳和展示物品的家具，如书架、博古架、斗柜、衣柜等。

（2）按制作材料（图4-75）

（a）木制家具

（b）金属家具

（c）藤竹家具

（d）布艺家具

（e）玻璃家具

（f）塑料家具

图4-75　家具按材料分类

1）木制家具　指用木材或木质人造板为基材制作的家具。木材具有材质轻、强度高、易于加工和涂饰、具有天然的纹理和色彩、良好的触觉等优点，是传统的制造家具材料，也是制作家具的主流材料。常用的木材有松木、水曲柳、椴木、榉木、柚木、柞木、胡桃木、橡木、檀木、花梨木等。人造板的发明，为木质家具带来了更为广阔的发展空间。人造板的使用在节省木材的同时，使形式更为多样化（如板式家具），更方便于和其他材料的结合（如钢木家具）。常见的人造板有胶合板、细木工板、纤维板、刨花板、集成材等。

2）金属家具　金属为主要材质制作的家具。有些金属家具是完全由金属材料制作的家具。有些金属家具是以金属管材、板材或线材等作为主架构，配以木材、各类人造板、皮革、玻璃、石材等制造的家具。金属家具的结构形式多种多样，常见的有拆装、折叠、插接等。金属家具所用的金属材料主要有碳钢、不锈钢、铸铁、铝合金等。金属材料因其强度高，且能够通过冲压、锻铸、模压、弯曲、焊接等多种加工工艺制造，故而能灵活地制造出各种造型。因此较之传统木质家具，结构形式多样、结构夸张、造型优美、简洁大方、轻盈灵巧。金属家具通常采用焊、螺钉、销接等多种连接方式组装，多用电镀、喷涂等加工工艺进行表面处理和装饰。

3）藤竹家具　以天然的藤、竹材料制作的家具。藤、竹材料具有质量轻、强度高、富有弹性、易于弯曲和编织等特点。藤竹家具能营造出浓郁的乡土气息，藤竹家具也是理想的消夏家具。常见的藤竹家具有椅子、沙发、茶几、小桌等。制作时，天然藤、竹材料须经过干燥、防腐、防蛀、漂白处理后才能使用。

4）布艺、皮革家具　由布料、皮革、海绵、弹簧等多种材料组合制成的家具。通常以钢、木作为骨架，外包海绵、皮革、布料。常见的有沙发、软床等。这种家具通过增加人体与家具的接触面，从而减小身体与家具接触部位的压强，增加了坐卧的舒适感。同时布艺、皮革面料所具有的良好触感，能给人以温馨、柔软、温暖、舒适的感觉。

5）塑料家具　以PVC等塑料为主要材料，通过模压成型的家具。具有质量轻、强度高、耐水、造型多样、色彩丰富、光洁度高、易清洗打理、价格便宜等特点。因塑料材料种类繁多，所以塑料家具的形式也多种多样。既有模压成型的硬质塑料家具、亚克力家具，又有树脂配以玻璃纤维生产的玻璃钢家具，还有塑料膜制成充气家具。

6）玻璃家具　玻璃家具多以高硬度的钢化玻璃或金属为框架，较厚的玻璃或钢化玻璃为基材制作而成的家具。常见的玻璃家具有茶几、餐桌等。

（3）按结构形式（图4-76）

1）框式家具　为传统的家具制作工艺，以传统木家具为主，以榫卯结构形成的框架作为家具的受力体系，再镶入或覆上各种面板组成。框式家具坚固耐用，一般不可拆卸。

2）板式家具　是现代家具最常见的结构形式。板式家具是以人造板为主要基材，经圆榫及偏心件等五金件连接而成的家具。板式家具不需要骨架，板材既是承重构件又是围合与分隔空间的构件。板式家具外观时尚，结构简单、线条简洁、不开裂，可以多次拆卸安装、方便运输，易于工业化生产。用于板式家具的人造板材有胶合板、细木工板、刨花板、中纤板等。其中胶合板常用于制作需要弯曲变形的部位。板式家具常见的饰面材料有装饰薄木（俗称贴木皮）、木纹纸（俗称贴纸）、三聚氰胺板、PVC胶板等。其中天然木皮饰面既具有天然纹理、质感，同时又节约木材，一般用于高档板式家具产品。三聚氰胺板和木纹纸能仿出木材的纹理、色泽，三聚氰胺板甚至可以浮雕面工艺仿出木纹的肌理，但质感不如天然纹理。木纹纸饰面的耐磨性较差，一般用于低档产品。板式家具在工厂经过下料、排钻打孔、封边等工序，制成相应成品板件后打包。在目的地依照设计图纸以圆榫、偏心件等连接的成品板件，再配以家具五金，现场组装而成。

3）折叠家具 突破了传统家具的设计模式，可通过折叠将家具所占面积或体积进行压缩，从而为居室节省一定空间。主要特点是能够折叠，造型简单，使用轻便，可供居家、旅行两用，节约房屋使用面积。常见的有折叠椅、折叠桌、折叠床等。除折叠后减少占用面积外，有些家具还能改变使用性质，如床可以折叠成沙发。此类家具通过抽出推进，翻转折叠，往往一件家具能代替多件家具使用。折叠桌和折叠床等多以铰链连接。家用折叠椅多以椅面、椅腿活动式连接，折叠凳子多为凳面折合和布面对折，折叠椅、凳的坐面可用木板、木条、人造板、布面、皮具和编藤等制成。

4）模压薄壳家具 指采用现代工艺和技术，将PVC硬质塑料、玻璃纤维等材料经过模压、浇注等工艺一次压制成型的家具，以及先压制成薄壳构件再与其他部件进行组装而成的家具。薄壳家具具有质轻、强度高、造型新奇、色彩绚丽、富有现代感等特点。

5）曲木家具 以经过热处理后弯曲的木质部件组装而成的家具。弯曲的零部件多为经过特殊处理的实木条或弯曲成形的胶合板。常见的曲木家具有椅、凳、茶几、沙发等。曲木家具具有形态优美，坐卧舒适、耐用等优点，但加工相对复杂。

6）充气家具 采用塑料膜或橡胶制成的具有一定形状气囊，充气后即可作为家具使用。充气家具因放气后便于携带常在旅行中使用。充气家具携带和贮藏方便，造型新颖，坐卧舒适。

7）根雕家具 以樟木、鸡翅木、花梨木、酸枝木等树木的树根、树枝等天然材料为原料，略加修整、雕琢、打磨、钉接而成。根雕家具常见的有茶几、坐具、花架等。这种家具从形象看，盘根错节、出自天然，丝毫不露斧凿痕迹，极具自然美感，具有观赏价值同时又具有实用价值。

(a) 框式家具　　　　　　　　(b) 板式家具　　　　　　　　(c) 折叠家具

(d) 薄壳家具　　　　(e) 曲木家具　　　　(f) 充气家具　　　　(g) 根雕家具

图4-76 家具按结构形式分类

4.2.4.3 陈设品分类

陈设品的范围广泛，几乎所有能放置在室内空间中的物品都在陈设的范畴之内。从陈设品的使用来看，能分为纯艺术品和日用品两大类。常见的室内陈设有如下几类。

（1）艺术品（图4-77）

1）字画　字画又分为书法、中国画、西洋画、版画、印刷品装饰画等。其中书法和国画是中国传统艺术形式，书法作品有篆、隶、楷、草、行等题材，中国画主要以花鸟、山水、人物为主题，传统的字画陈设表现形式有楹联、挂幅、中堂、匾额、扇面、斗方等；常见西洋画有水彩、水粉、油画等，其风格多样、题材众多，流派纷呈，多配画框来悬挂陈列；印刷品的装饰画更是内容丰富、形式多样。字画陈设是营造品位生活、陶冶情操的极佳选择。

2）摄影作品　摄影作品也是室内陈设常用到的艺术品，摄影作品具有很强的纪念意义。摄影作品常见的题材有婚纱摄影、全家福照片、个人写真、旅行留念等。摄影作品常见陈列形式有相框的台案、墙面的单体或成组陈列，照片墙陈列等。

3）植物、花艺　居住空间常见的形式有室内绿植、盆景、插花。在居住空间常见室内绿植大多为盆栽花卉、盆栽绿植。在居住空间内设置室内绿植能起到改善室内环境，美化、柔化环境，满足精神、心理需求等作用。盆景在我国有着悠久的历史，盆景是呈现于盆器中的风景或园林花木景观的艺术缩制品。盆景多以树木、花草、山石、水、土等为素材，经过造型处理和精心养护，能在咫尺空间集中体现园林之美。盆景按内容一般分为树桩盆景和山水盆景两大类。按规格分为特大型、大型、中型、小型和微型。插花是把有观赏价值的枝、叶、花、果经过一定的技术处理和艺术加工，按照一定的章法情趣配以相应的花瓶、花篮等组成艺术品，美化环境，供人们观赏。插花分为鲜花插花、干花插花和人造插花等。鲜花插花即全部或主要用鲜花进行插制，它的特点是具有自然花材之美，色彩绚丽、花香四溢，饱含真实的生命力，其缺点是不持久。干花插花是把自然的干花或经干燥处理的植物进行插制，既不失原有植物的自然形态美，又可以长久摆放，但不宜在潮湿环境放置。人造插花所用花材是各种人工仿制植物，包括绢花、涤纶花、塑料花等，人造插花造型多样，形式丰富，便于清洁，不受环境的影响，可较长时间摆放。

4）工艺美术品　工艺美术品的种类和形式更是广泛，如陶瓷、玻璃、金属等制成各种的造型工艺品，刺绣、挂毯、蜡染等织物，竹编、草编等编织工艺品，还有剪纸、风筝、面具等，其中有些是纯艺术品，有些是将日用品进行艺术加工后形成，旨在用于观赏使用。它们或精美华丽，或古朴雅致，或具乡土气息，或具民族风情。

5）雕塑　以雕、刻、塑、堆、焊、敲击、编织等手段制作的三维美术作品。雕塑的形式有圆雕、浮雕、透雕及组雕。常用的材料有石、木、金属、石膏、树脂及黏土等，室内常用到的雕塑陈列品有泥塑、木雕、石雕、根雕等，近年也有3D打印技术的雕塑工艺品出现。

6）收藏品和纪念品　收藏品和纪念品的内容丰富，形式多样。如古玩、邮票、书籍、CD、花鸟鱼虫标本、奇石、兵器、民间器具、奖章、奖杯、奖牌等，收藏品和纪念品既有装饰作用，又能表现主人的兴趣爱好，还能丰富知识，陶冶情操，具有一定的纪念意义。

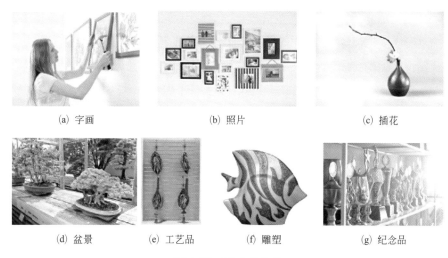

(a) 字画   (b) 照片   (c) 插花

(d) 盆景   (e) 工艺品   (f) 雕塑   (g) 纪念品

图 4-77 艺术品分类

（2）日用品   日用品在居住空间陈设中比比皆是。日用品在满足实用性的同时，经合理搭配摆放后，具有一定的装饰效果。常用于装饰的日用品有：

1）生活器具   如餐具、茶具、酒具、果盘、储藏盒等，这些器具造型各异，材质使用有朴实自然的木材，有绚丽的瓷器，有晶莹的玻璃，有古朴的陶器，还有色彩艳丽的塑料制品等（图 4-78）。这些生活器具在满足人们日常需要的同时，经过精心布置之后，就能成为漂亮的装饰品。其丰富的装饰效果，营造着浓郁的生活气息，如专门设置酒柜陈列美酒（图 4-79）。

图 4-78 餐具陈设

图 4-79 酒柜陈设

2）家用电器   如电视机、电冰箱、电脑、电话、音响设备等，这些电器不仅给人们带来丰富的娱乐功能，还使空间富有时代感。

3）文化、体育用品及玩具   如书籍、笔、墨、乐器、体育健身器材、毛绒玩具等。装满各式书籍的书柜本身就是一道风景，书籍和笔墨等文具不仅能丰富人们的精神生活，还能体现出主人的文化修养。钢琴、吉他、小提琴、二胡等乐器既能反映出主人的爱好，又能烘托高雅的气氛。各种体育健身器材是运动和活力的象征。各种玩具也能成为修饰空间的重要陈设品，如女孩房放置的毛绒玩具，男孩房放置的电动玩具、航模、车模玩具等。

4）装饰灯具　各式灯具也是构成居住空间效果的重要组成部分。造型美观的装饰灯具是满足照明需要不可少的用品，同时又是具有很强装饰性色彩的陈设品，如绚丽多彩的水晶吊灯、雅致的羊皮吸顶灯、造型优雅的铁艺落地灯等（图4-80）。灯具造型丰富，材质多样，绚丽的色彩和光影都是调节空间气氛的重要元素。近年来，DIY改造灯具也成为一种流行时尚。

5）织物　织物除少数如织锦、挂毯等为纯艺术品外，大多为日用品。织物在室内能够很好地柔化空间，营造出温馨的氛围，而且织物还具有很好的吸声效果。居住空间中常用到的织物陈设有窗帘、帷幔、帷幕等，它们有分隔空间、遮挡视线、调节光线等作用，一般多选择垂性好、不褪色、易清洗的材质（图4-81）。床罩、床单、沙发套、台布以及靠垫、坐垫等罩面织物，具有保护、保暖、挡尘、防污等作用，且装饰性强。与人密切接触的织物，应选择手感好、易清洗的材质。地毯的花色品种很多，地毯虽然不易打理，但局部铺设的块毯在居住空间中仍十分流行，它除了美观外，还具有脚感舒适、隔声、保暖等特点。

图4-80　灯具陈设

图4-81　织物陈设

4.2.4.4　家具风格

人类使用家具历史悠久，中国早在商代就已经有了很精美的青铜和石制家具，古埃及距今4000多年前就出现了不仅具有实用功能，结构合理且装饰相对丰富的家具形式。随着人们起居形式变化，家具也伴随着人们的需要，在数千年的发展与演变中产生了各式各样、造型美观的家具风格与设计流派。其中，具有代表性的有中国的明式家具、欧洲的巴洛克式家具等。现就居住空间中常见的家具风格进行简单的介绍。

（1）中式古典家具　中式古典家具多指明式家具。造型上形体简洁、比例恰当、线条舒展，具有严格的比例关系，表现出简练、质朴、典雅、大方之美。结构上多采用榫卯结构，是科学和艺术的极好结合，不受自然条件的影响。在跨度较大的局部空间，镶以牙板、圈口、券口、罗锅枨等，既美观，又坚固牢实。中式古典家具精于选材，所用木材坚硬，色彩幽雅，纹理美观，展现了木材天然色泽和纹理。木材多为黄花梨、紫檀、鸡翅木、酸枝等硬木。装饰适度、精巧，装饰技法也达到了相当高的水平。雕、镂、嵌、描都为所用。装饰用材也很广泛，珐琅、螺钿、竹、牙、玉、石等等，样样不拒，却绝不贪多堆砌，也不曲意雕琢，而是根据整体要求，作恰如其分的局部装饰，虽施以装饰，仍不失朴素与清秀的本色。纹饰、镶嵌等元素承载的艺术符号，贯穿着祥瑞等多重传统观念。中式家具是历史的传承，在现代的家居中显得气势恢宏、奇巧瑰丽，表达出对庄重、含蓄、优雅的多重气质与精神境界的追求。

（2）新中式家具　新中式家具是运用现代材质及工艺演绎传统中国文化的家具形式，家具不仅拥有典雅、端庄的中国气息，还具有明显的现代特征（图4-82）。新中式家具设计从形式上是在古典家具的基础进行了简化，取其精华并运用现代的方式表现，是古代家具现代化演变的成果。新中式风格不是纯粹的元素堆砌，而是通过对传统文化的认识，将现代元素和传统元素结合在一起。新中式家具既区别于传统和当代所有其他风格，又具有典型中国文化特色的新概念家具。

新中式家具在内涵上以中华民族传统文化特征为主题；在设计理念与设计手法上，既符合特定的功能性要求，又可以极大限度地展示出设计师的个人情趣，主要利用意境进行创意设计；在制作中应用现代生产技术，避免传统古典家具生产的局限；在不同户型的居室中能更加灵活的布置（图4-83）。

图4-82　新中式家具　　　　图4-83　新中式主卧（阳光乐府　设计师：罗富荣）

新中式家具适用于：崇尚民族思想、民族风格的中老年装修业主；受儒家思想影响的装修业主；个性化要求偏向于重色调的装修业主；喜欢优雅环境的装修业主。

（3）欧式古典家具　欧式古典家具一般指17世纪到19世纪的工匠们专门为皇室、贵族制作的手工家具。这种家具的风格历经数百年的变化，一直没有改变它精雕细刻、精益求精、富于装饰性的特点。欧式古典家具传承了数百年的欧洲文化底蕴。

欧式古典家具主要分为"巴洛克式家具"和"洛可可式家具"两种。巴洛克风格用曲面、波折、流动、穿插等灵活多变的夸张手法来创造特殊的艺术效果，以呈现神秘的宗教气氛和有浮动幻觉的美感。巴洛克样式雄浑厚重，在运用直线的同时也强调线形流动变化的特点。这种样式的家具有过多的装饰和华美浑厚的效果，色彩华丽且用金色进行协调，构成室内庄重豪华的气氛。洛可可风格以其不均衡的轻快纤细的曲线而著称。造型装饰多运用贝壳的曲线、皱褶和弯曲形构图分割，装饰华丽，色彩绚丽多姿，中国卷草纹的大量运用，具有轻快、流动、向外扩展的装饰效果。

欧式家具制作有严格的程序，每一根线条，每一片花纹，都出自精雕细琢。古典主义的精髓美体现在细节处理的手法是经过历史锤炼的经典，充满文化底蕴和异国情调，贵族气息和优雅隽永的气度代表主人一种卓越的生活品位（图4-84）。

（4）新古典家具　新古典家具是在欧式古典家具的基础上融合了现代元素的家具。在色彩上或是富丽堂皇，或是古色古香，或是清新明快。新古典家具摒弃了洛可可风格的繁复装饰，追求简洁自然之美的同时保留了欧式家具的线条轮廓特征。新古典家具是新的形体与经典神韵透过现代化设计制造出来的，符合现代人的审美和视觉享受。新古典家具注重装饰效果，常见的主色调为白色、金色、黄色、暗红色（图4-85）。

图4-84　欧式古典家具　　　　　　　　　图4-85　新古典家具

（5）美式家具　美式家具是来自于美国风格的家具，美式家具融汇了欧洲各国的风格，从而创造出了一种全新的家居风格。美式家具体现的也是多元文化融合的精神，其风格多样、兼容并蓄。美式家具既有新古典风格的特征，又有独特的乡村风格，属于简约、生活型的家具。

在美式家具中，乡村风格一直占有重要地位，喜爱大自然的个性，它造型简单，色调明快，用料自然、淳朴、耐用。美式家具多采用胡桃木、樱桃木和橡木，油漆以单一色调为主，并与真皮、布料、铁器、大理石、玻璃等多种材质相结合。采用原木材料来制作家具，以突出其天然的质感，迎合人们怀旧之情与向往自然的内心渴求。

美式家具的基础是欧洲文艺复兴后期各国移民所带来的生活方式，将英、法、意、德等古典家具简化，兼具功能与装饰性集于一身，美式家具推动了家具平民化，美式家具虽然保留了欧式家具高大气派和注重细部的雕刻，但不会过分的张扬，并且更注重家具的实用性。美式家具表达了美国人随意、舒适的风格，将家变成释放压力、缓解疲劳的地方。因此美式的沙发、椅子会做得更大，也更舒适（图4-86）。

（6）现代极简家具　现代极简风格精致而简约，透露着浓重的设计感。意大利、德国和北欧是全球最主要的极简家具制作地区。其中意大利家具简约中透着奢华与时尚；德国的家具工业化痕迹较重；北欧极简风格最为朴素，不用纹样和图案装饰，只用线条、色块来区分点缀，木色和白色是这种风格的主角，优雅中不乏灵动，贵气中又不乏自然，形成了一种流行的风潮（图 4-87）。

图 4-86 美式家具

图 4-87 现代极简家具

4.2.4.5 家具选型原则

（1）家具的风格与色系的搭配　人们选择家具时，首先应该考虑所选家具所营造的室内风格是否为自己所喜爱，所选的家具风格是否相互统一并和空间装饰合理地进行搭配。

家具的色系也是大家在选择家具时常面临的一个问题。常见的家具色系有：黑胡桃／黑橡／黑（紫）檀、白榉／白橡／白枫、浅胡桃、红樱桃、金橡、沙比利、松木等原木色家具，和以白色为主配以红色、青灰等颜色的彩色家具。一般来说，室内家具的颜色为了营造室内统一的氛围，在同一空间中不宜超过三种颜色。在选择家具颜色的时候通常按主人的需求和流行元素来进行挑选。影响家具颜色选择的因素有：主人的年龄、性格、文化层次及使用环境影响等。

根据主人的年龄来选择家具也是一项很重要的因素，比如，颐养天年的中老年人在选择家具时应选择颜色较重、质地古朴的家具，如黑胡桃、黑檀等；事业有成的中年人往往会选择黑胡桃、浅胡桃、红樱桃、金橡、沙比利等色彩与材质的组合；青年白领在选择家具时通常为颜色稍浅的白榉、白枫或彩色家具；天真烂漫的儿童应多选用色彩明快的松木家具或彩色家具。

不同的环境中家具的选择也有所不同，例如在阴暗、背光的室内，应选择明快的颜色，在较光亮的室内，可以选择深沉的颜色。

（2）地域性因素对家具选型的影响　地域因素也是影响家具选择的重要因素之一，例如中国南方地区，四季温差较小，不需要厚重的被褥及棉衣，所以在选择家具时就不需要高大的衣柜和床下能贮藏衣被的高箱床，并且南方潮湿，床下不带斗的低箱床便于通风，避免被褥发霉（图 4-88）。而北方地区，因为天气寒冷需要有大量的被褥和棉衣，所以往往要用到高大的衣橱和高箱床来贮藏衣被等物品（图 4-89）。

在都市和较发达地区，往往房间的层高、开间和进深较之乡镇、农村房间的小，需要选择款式精致，尺寸较小的家具。而乡镇和农村因为房间的层高、开间、进深较大，一般选择款式较大的家具、突出气派。

（3）特殊人群家具选型　伴随人们生活水平的提高，特殊群体，如老年人、儿童和因病残造成行动不便的人群对生活质量的要求也越来越高，针对特殊人群家具选用应注意以下方面。

图 4-88　具有通风功能的床

图 4-89　带有储藏功能的床

1）老年人家具的选型　首先要注重安全性。老年人身体的协调能力较差，所以给老年人选择家具时，应选择在整体结构方面不过于复杂，无尖棱角的家具，以减少磕碰、擦伤等意外情况的发生，并且应多采用一些曲线，增加整体形态的柔和感，在心理上给老年人以安全感。此外，要注重舒适性。床的尺寸不宜过小，橱柜等贮藏家具内的衣挂、搁板高度应配合老年人的身高、臂力，家具上的拉手造型应方便老年人施力握持，对于带有抽屉和顶柜的柜类，不宜选带有低于膝的抽屉和高过头的顶柜的，减少开启不便。另外，根据老年人身体的变化，椅子需要选择座面宽度尺寸较大一些的，背倾角和坐倾角都应偏大一些的，以增加其舒适性，并且尽量选有扶手的，扶手的存在可以方便老年人起坐时抓握，增加身体平衡的支点，以便起坐时更为容易。再次，采用低纯度和低明度色彩，多用自然色泽。在给老年人选择家具时，色彩不宜采用强烈刺激性的红、橙色系，应遵循低纯度、低明度、调和统一和清新淡雅的原则。另外，在家具材质的选择上，应采用木材、竹材、藤材等天然材料，少用玻璃、金属等人工材料。木材、竹材、藤材具有天然的肌理、纹络和色彩，在视觉上给人以自然、轻松的感觉，具有很好的装饰效果。这些天然的材质再配上布艺材料更具温馨、舒适、典雅之感，一定备受老年人的喜爱。

2）儿童家具的选型　首先，应符合儿童的人体工程学。在儿童房家具选择时，实用的原则至关重要。所以桌椅特别要讲究人体工程学原理，家具的高度要适宜孩子，橱柜的门和抽屉要推拉方便。同时，儿童总在不断的成长，所以在选择家具时要考虑这套家具是否可以满足孩子各成长时期的需要。其次，要坚固、耐用。孩子的体形虽较大人轻巧，但活泼好动是孩子的天性，因此，在选择家具时，一定要讲求家具的坚固牢靠，才能为孩子提供一个快乐无忧的天地。再次，充分考虑安全性。儿童身体平衡能力差，并且好动，所以儿童家具不应有容易碰上的突出结构和棱角。橱柜门和抽屉的把手要方便儿童执握，不能有棱和尖角。儿童双层床能丰富儿童居室空间，越来越受到孩子的喜爱，选择时应注重其梯子设计的安全性，避免孩子失足摔倒或被卡住带来伤害。再次，满足童趣。好奇和好玩是儿童的天性，儿童家具要符合儿童的心理特征，富有趣味性，应采用美观有趣的造型和明快的色彩，帮助儿童健康的成长。最后，考虑儿童性别差异。男孩房选型要注重男性性格养成，如培养男孩阳光活泼和广阔胸襟。室内设计家具选型应多运用适合男孩成长的元素，如简洁的线条，各种球类运动、汽车、天文元素，色彩宜用明快的蓝、绿等颜色。女孩房间注重温柔、可爱、温馨、舒适等元素，体现女孩的公主梦。一般的色调以粉色为主，也可以选择浅紫色等。同时，要注重儿童家具环保无毒。一般来说，木质是制造儿童家具的最佳材料。儿童家具对用漆也十分讲究，尤其是铅会对儿童智力发育、体格生长、学习记忆能力和感觉功能产生不利影响，所以应选用无铅、无毒、无刺激的漆料，才能避免孩子肌肤接触家具时的中毒或过敏事件发生。最后，还要考虑家具是否便于清洗和打理。儿童经常会把家里的东西弄脏，并且表面不清洁的家具不利用儿童的生理和心理发育，所以表面易于清洁的家具是儿童家具选择所应考虑的。

4.2.4.6　各功能分区家具选型与搭配

家具是居住空间中的主角，那么家具的选型也大有学问。走进家具商场后，就会看到各种风格、样式、颜色、材料、价位的家具。

（1）门厅家具　门厅，也称玄关，是住宅中室内与室外的一个过渡空间，设门厅一是为了增加主人的私密性，避免客人一进门就对整个居室一览无余，在视觉上遮挡一下；二是起到装饰作用；三是起到缓冲作用，方便主人换衣换鞋。门厅家具以鞋柜、衣帽架为主，在选型上宜与整体的空间风格统一。

（2）客厅家具　客厅是家庭最大的生活空间，也是会客的主要场所，客厅的家具配置往往承载着空间风格、业主品位等。家具配置以沙发、茶几、电视柜为主，常以L形或U形组合成一个供家人交谈及会客的空间，同时配装饰柜、低柜等兼具储藏、装饰功能的家具。

1）沙发　沙发是客厅家具的核心，对客厅整体的风格、颜色、造型等可以产生系列性的效应，因此，客厅家具的选型与布置应从沙发入手。在沙发选择时，首先应考虑客厅的比例尺寸，使选择的沙发体量与客厅相称；其次应考虑沙发的可组合性；再次要保证在沙发搬运过程中能顺利通过电梯、门、玄关通道等（图4-90）。

(a) 布艺组合沙发　　　　(b) 双人皮沙发　　　　(c) 沙发床

(d) 木沙发　　　　(e) 藤艺沙发　　　　(f) 单人贵妃榻沙发

图 4-90　沙发种类

2）茶几　茶几一般放在客厅沙发的前面，主要用于放置茶杯、水果、烟灰缸、花等休闲用品。因此，茶几的选购不仅要考虑沙发的体量、座席的高度，使其满足人的正常使用，而且要考虑茶几材质与沙发风格的匹配度，因为不同材质会给人不同的空间效果，如金属搭配玻璃材质的茶几给人以明亮感，有扩大空间的视觉效果，而沉稳、深色的木质茶几，给人以古典的视觉感。

在茶几尺寸和形状选择方面，应以空间大小作为主要依据。若空间较小，以椭圆形简约茶几为佳，让空间没有局促感，亦可选择曲线形、收纳功能强的茶几（图4-91、图4-92）。

图4-91　玻璃茶几　　　　　　　　　　　图4-92　木质茶几

3）电视柜　电视柜是客厅必备的家具之一，主要用来摆放电视，对客厅装修起着画龙点睛作用。随着人民生活水平的提高，在家居装修中，电视柜的用途逐渐从单一功能向多元化发展，除了具备电视、机顶盒、音响等试听设备的摆放与收纳之外，还需兼具装饰功能。在选购电视柜时，重点要考虑电视柜的高度及尺寸，使其与客厅的沙发尺寸、人坐在沙发上的视线高度相对应，保证人坐在沙发看电视不会产生颈椎疲劳。常见的电视柜的尺寸要比电视长三分之二，高度以40～60cm为宜。按结构可分为组合式、地柜式等类型。其次，应考虑电视柜的材质、风格、颜色，使其与整体风格相呼应，满足实用性与个性化需求。

（3）餐厅家具　餐厅家具以餐桌椅为主，餐桌高度以720～760mm为标准，餐椅高以450～500mm为参考，形状以方形、长方形、圆形居多。在餐桌挑选时，首先，要确定餐厅的空间大小，若面积较大，可选择有厚重感的餐桌与空间相配；若面积较小，可选择伸缩式餐桌。其次，要考虑整体家装风格，因为不同形状、材质、风格的餐桌会呈现不同的空间氛围，如圆形餐桌烘托民主氛围，长方形餐桌适合较大型的家庭聚会。

（4）卧室家具　卧室是所有房间中最私密、最个性、最温馨的空间，既要提供给使用者一个舒适的睡眠环境，同时也要兼具储物功能。因此，卧室从选材、色彩、灯光到室内物件的摆设都要经过精心设计。卧室的家具包括床、衣柜、梳妆台等。

1）床　床是卧室最基本也是最重要的家具，卧室的设计也是以床为核心。床的选型，主要取决于卧室环境，床的款式主要以木质和软包为主，木制床的造型各异，床头变化较多，有体现木板的造型，有体现床板的拼花等；软包床较木制床风格多样，床头较温暖舒适，受到很多人的青睐。按照空间功能和大小，床可分为双人床、单人床、坐卧两用床、高架床、双层床等。

在床的选型方面，应根据业主的喜好、空间风格、空间大小等来确定，并要考察床的质量、风格和细节。如空间较小，应选兼具储藏功能的床；空间够大，则应选豪华气派的大床；如卧室为儿童房，宜选带有趣味功能、防护性的床。

2）衣柜　衣柜作为卧室重要的组成部分，直接影响空间利用率和居住者的感受。对于衣柜，除了要求具备服饰储存功能外，更多的是追求品位和美感，使其与空间风格相一致。同时，在衣柜设计与布置时要考虑家庭成员的组成因素。对于老年人来说，叠放衣物较多，通长挂件较少，且老年人不宜上爬或下蹲，故应选择多抽屉的衣柜；对于年轻人来说，衣物风格多样，故宜选择悬挂空间多的衣柜，长短两层分别储存大衣和上装，内衣、领带等小件衣物可用专用的小抽屉或小格子收纳。衣柜既要有利于衣物保存，也要满足使用的便捷性。

3）梳妆台　梳妆台指用来化妆的家具，其常见尺寸为高1500mm左右，宽700～1200mm。在选择梳妆台时，首先，要考虑风格造型，应选择与室内风格、空间大小相一致的；其次，要满足使用者的审美。

（5）书房家具　书房是人们在家吟诗作画、读书写字的场所。书房的陈设宜简洁、明净，家具选用需精益求精，除了重视其造型、色彩和材质之外，还需考虑家具的尺寸，必须符合人体工程学要求，将书房打造成古朴而高雅的场所。

1）书桌　书桌是供书写、阅读、办公等的桌子，通常配有抽屉、分格和文件架。书桌高度一般为70～76cm，保证人长时间学习工作的舒适性。从色彩的角度来说，深色的书桌可以保证学习、工作时的安静，比较适合学术研究；而色彩鲜艳、造型别致的书桌，对于开发智力、激发灵感之类的学习十分有益。

2）书柜　书柜主要用来存放书籍、报纸、杂志等物品的柜子。书柜的大小选择要适中，一般以人站起来能够得着为宜。座椅的选择可以考虑转椅或藤椅。转椅较灵活舒适，藤椅较轻巧、透气。

4.2.4.7　陈设选型与搭配形式

配置陈设品时要因地制宜，灵活处理。具体的陈列形式归纳起来有：墙面陈列、悬挂陈列、橱架陈列、台面陈列、落地陈列等。

（1）墙面陈列　墙面陈列是在墙壁或立面进行陈列的配置方法。这种方法可以突出陈列品，有效利用空间并丰富墙面或立面的空间，营造整体空间的氛围（图4-93）。墙面陈列适用的范围很广，陈设品中如字画、织物、浮雕、照片、吉他、球拍、宝剑等都可用于墙面陈设。布置时应根据陈设品的种类及大小以及墙面的空白面积，可用水平、垂直构图或三角形、菱形、矩形等构图方式统筹配置。

（2）悬挂陈列　悬挂陈列常用于空间高大的厅室，减少竖向空间的空旷感，丰富空间层次，并起到一定的散射光线和声波的效果。常用到的悬挂陈设品有：吊灯、织物、风铃、灯笼、珠帘、植物、拉花等。悬挂陈列应注意陈设品的高度不能妨碍人的正常活动（图4-94）。

图4-93 墙面陈列

图4-94 悬挂陈列

（3）橱架陈列 橱架陈列是具有贮藏功能的展示方式，可集中展示多种陈设品。橱架陈设收纳并展示体量较小、数量较多的陈设品，以求达到繁而不乱的效果。展示载体有装于立面的隔板、博古架、书柜、酒柜等。橱架可以是开敞通透的，也可以用玻璃封闭起来。橱架陈列适用的陈设品有书籍、奖杯、古玩、瓷器、玻璃器皿、相框、CD、酒类及各类小工艺品等。橱架陈列应注意整体的均衡关系和陈设品之间色彩、体量、材质上的变化（图4-95）。

图4-95 橱架陈列

（4）台面陈列 台面陈列是将陈设品摆放在各种台面上进行展示的方式，包括桌面、几案、窗台等。台面陈设运用的主要是立体构成关系，摆放台面陈设品时，应注意陈设品之间的高、矮、前、后的位置。台面陈列分为对称式布置和自由式布置，对称式布置庄重大气，有很强的秩序感，但易呆板少变化，如在电视两旁布置音箱。台面陈列的特点是自由式布置，灵活且富于变化，但应注重整体的均衡，突出重点。台面陈列适用的陈设品也非常多，如花瓶、盆景、书籍、古玩、相框、烛台、台灯、餐具、茶具等（图4-96）。

（5）落地陈列 常用于大型的陈设品，如雕塑、瓷瓶、绿化、灯具等。落地陈列常用于大厅中、门厅处或出入口旁，起到引导作用或引人注目的效果，也可放置在厅室的角隅、走道尽端等位置，作为视觉的缓冲。大型落地陈列布置时，应注意不能影响工作和交通路线的通畅（图 4-97）。

图 4-96　台面陈列　　　　　　　　　　图 4-97　落地陈列

4.2.4.8　家具与陈设品布置原则

（1）使用方便、舒适原则　家具的布置以人的使用为目的，所以在布置家具时首先要考虑使用的便捷性，尤其是使用上有相互联系的家具间的布置，要确保使用过程中方便、省力，如餐桌与餐椅间距要能保证人的正常活动，沙发和茶几间的距离要满足人坐在沙发上能轻松拿到茶几上的物品，床和衣柜的距离要保证能把衣柜门打开。家具放置还应充分考虑人使用时的舒适度，如床尽量不靠窗摆放等。

陈设品的布置是围绕家具而展开，同样要考虑其是否满足使用需求，且要考虑陈设品与家具、周围环境的搭配，如床头灯摆放需保证人伸手能触及开关，餐桌吊灯需正对餐桌位置且高度不能妨碍人正常活动，玻璃制品、陶瓷制品等易损坏的工艺品不应放置在人流频繁或小孩能拿到的地方，卫生间等潮湿的地方不能悬挂字画。

（2）组织、改善空间原则　家具陈设的布置是对空间的二次改造，确定了空间的使用性质和使用形式。合理的家具布置能优化空间，以家具组织和划分空间，如玄关柜、博古架的设置，又如沙发与茶几把客厅分为动、静两个空间。家具的合理布置能够弥补空间过大、过小、过高、过低等缺陷。

（3）合理利用空间原则　提高建筑空间的使用率，是居住空间装饰设计要解决的一个重要问题。家具布置对室内空间利用的影响非常大。家具的布置要在确保道路顺畅的前提下尽可能充分利用空间，发挥单位面积的使用价值，减少不必要的空间浪费。

（4）协调统一、重点突出原则　居住空间家具的布置要注意做到协调统一、重点突出。布置时要充分考虑到同一空间内家具间的风格、材质、色彩是否协调，家具间的尺度是否匹配适应，家具是否与室内装修装饰风格、空间性质协调统一。好的家具布置应该色彩相配、风格统一、大小相衬、错落有致，避免产生凌乱感以及家具间在使用中产生冲突。

配置陈设品时，在保障空间整体风格、色彩、材质统一的同时还应该使陈设品富于变化，加入陈设品的色彩明暗和冷暖的变化、质感上软硬的变化、外形上大小的变化等。在陈列时，应将视觉冲击力强的陈列品放置于最显眼的地方，从而保证变化丰富但不杂乱，和谐统一但不单调的空间效果。

4.2.5 照明设计

4.2.5.1 照明设计相关基础知识

（1）灯具的类别

1）灯具按用途分类　主要分为功能性灯具、装饰性灯具以及特殊用途灯具。功能性灯具主要是为室内空间提供必要照度的灯具；装饰性灯具主要起增加环境气氛、创造室内意境、强化视觉中心的作用；特殊用途灯具有应急、标志性作用等。

2）灯具按其构造形式及安装位置分类

①吊灯　吊灯是悬挂在室内屋顶上的照明工具，经常用作大面积范围的一般照明。大部分吊灯带有灯罩，灯罩常用金属、玻璃和塑料以及木材等材料制成。吊灯按所配光源数量的不同可分为普通吊灯和枝形吊灯。普通吊灯用作一般照明时，多悬挂在距地面 2.1m 处，用作局部照明时，大多悬挂在距地面 1～1.8m 处。枝形吊灯是一种多灯头的装饰性灯具，易创造富丽、辉煌的光环境效果，多用于较大空间的客厅、餐厅、中庭、门厅、大堂等建筑空间（图 4-98）。

吊灯的造型、大小、质地、色彩对室内气氛会有影响，在选用时一定要与室内环境相协调。例如，古色古香的中国式房间应配具有中国传统造型元素的吊灯，西餐厅应配欧式风格的吊灯（如蜡烛吊灯、古铜色灯具等），而现代风格的居室则应配几何线条简洁明朗的灯具。水晶灯是吊灯中常见的形式，多以水晶玻璃做成，能够营造出华贵绚丽的光环境效果。

②吸顶灯　吸顶灯是直接安装在顶棚上的一种固定式灯具，作室内一般照明用。吸顶灯种类繁多，造型通常较吊灯更为简单，其光源一般为荧光灯管，近年来 LED 光源开始流行并越来越多地被使用。

吸顶灯的灯罩有多种多样，通常用玻璃、塑料（如亚克力、PVC 等）、金属、羊皮、纸等不同材料制成。吸顶灯的灯罩常采用磨砂的乳白色玻璃、塑料材料，或磨砂处理的玻璃，透光却不透视，以便能够遮挡光源，使光源更加柔和。以塑料为主要材质的吸顶灯造型通常比较夸张，用金属制成的灯罩给人感觉比较庄重。吸顶灯多用于整体照明，适宜用在办公室、会议室、走廊等位置（图 4-99）。

③壁灯　壁灯是一种安装在侧界面及其他立面上的灯具，一般作为室内补充照明。壁灯除具实用照明功能外，也有很强的装饰性，使原本单调的墙面变得光影丰富。壁灯的光线比较柔和，作为一种背景灯，可使室内气氛显得优雅，常用于大门口、门厅、卧室、公共场所的走道等，安装高度一般在 1.8～2m 之间（图 4-100、图 4-101）。

图 4-98　枝形吊灯

图 4-99　吸顶灯

图 4-100　壁灯（一）

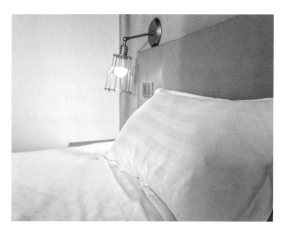

图 4-101　壁灯（二）

④嵌入式灯　嵌入式灯是嵌在装修层里的灯具，具有较好的下射配光。嵌入式灯根据光源和灯杯形式不同，常分为有聚光型（射灯）和散光型（筒灯）两种。聚光型一般用于重点照明，如墙面油画、客厅摆件等陈设品的照明，增加装饰效果。散光型一般多用作局部照明以外的辅助照明，例如走廊、玄关吊顶等（图 4-102、图 4-103）。

图 4-102　聚光型

图 4-103　散光型

⑤台灯　台灯主要用于局部照明。书桌上、床头柜上和茶几上都可用台灯。它不仅是照明器具，又是很好的装饰品，对室内环境起美化作用（图4-104、图4-105）。

图 4-104　台灯（一）

图 4-105　台灯（二）

⑥立灯　立灯又称落地灯，也是一种局部照明灯具。它常摆设在沙发和茶几附近，作为待客、休息和阅读照明（图4-106）。

⑦轨道射灯　轨道射灯由轨道和灯具组成。灯具沿轨道移动，灯具本身也可改变投射的角度，是一种局部照明灯具。主要特点是可以通过集中投光以增强某些特别需要强调的物体。已被广泛应用在商店、展览厅、博物馆等室内照明，以增加商品、展品的吸引力。家庭装修中也常用到，如背景墙射灯、床头射灯等（图4-107）。

图 4-106　落地灯

图 4-107　轨道射灯

以上灯具是在室内光环境设计当中应用较多的灯具形式，除此以外，还有应急灯具及艺术欣赏灯具等。

3）灯具按制造材料分类　灯具按制造材料可分为玻璃灯具、金属灯具、塑料灯具、陶瓷灯具等。金属灯具由铜、铝、铁等材料经冲压、拉伸等工艺制成，一般来说寿命比较长，耐腐蚀，不易老化，但可能因为时间太长而过时；塑料灯具使用时间较短，老化速度较快，受热容易变形；玻璃、陶瓷灯具一般使用寿命较长。目前，玻璃材质的灯具比较流行，主要优点为透明度好、照度高，耐高温等。

（2）照度和色温的概念

1）照度　在单位面积上接受的光通量称为照度，常用 E 来表示，单位勒克司（lx）或流明平方米（lm/m²）。例如一盏灯具和一个桌面，这盏灯具所投射出来照在桌面上光的范围则是照度。日常生活中照度需求见表4-1。

表4-1　日常生活中照度需求

推荐照度 /lx	场所或活动
20	户外和工作区域
100	简单定向或短暂停留
150	用于工作日的房间
300	视觉简单的作业
500	一般视觉作业
750	对视觉有要求的作业
1000	困难的视觉要求的作业
1500	特殊的视觉要求的作业
2000	非常精确的视觉作业

2）色温　色温是表示光线中包含颜色成分的一个计量单位。从理论上讲，色温是指绝对黑体从绝对零度（–273℃）开始加温后所呈现的颜色。黑体在受热后，逐渐由黑变红，转黄，发白，最后发出蓝色光。当加热到一定的温度，黑体发出的光所含的光谱成分，就称为这一温度下的色温，计量单位为K（开尔文）。如果某一光源发出的光，与某一温度下黑体发出的光所含的光谱成分相同，该温度即为色温。因此，蓝色光的色温比红色光的色温要高。

4.2.5.2　室内照明设计原理

（1）一般照明　一般照明又称为功能照明或环境照明，它起到满足人基本视觉要求的照明作用，是在能保证最大有效照明设计的前提下，一定时间之内使用最少的电力，一般在工作面上的最低照度与平均照度比不能小于0.7lx。在设计中常用吸顶灯和筒灯来作为一般照明（图4-108）。

（2）重点照明　重点照明又称为局部照明，主要是用于照明重点区域并起到展示的作用。它需要将照明区域的亮度达到环境光的几倍，用以突出展品的立体感和质感，并形成重点展示区域，从而吸引人的注意力，使视线自然地在照明部位上聚焦和停留。重点照明通常不会单独使用，而是需要搭配环境光或与一般照明相结合，否则亮度对比过大会引起眼睛不适。在设计中要将重点照明与环境补光或一般照明有机地结合，既突出重点又保证空间照明的和谐统一（图4-109）。

（3）装饰照明　装饰照明主要是为了美化和装饰特定空间及区域而设置的灯光照明。主要是通过不同灯具、不同投光角度和不同光色之间的配合使空间达到一种特定的空间气氛，突出表现照明区域的特征和空间的特点，起到渲染烘托氛围的目的。常见的装饰照明有灯带、射灯等（图4-110）。通过照明烘托出电视背景墙的灯光层次，让墙面具有空间感和层次感。

（4）应急照明　除了设置一般的照明灯具以外，还需要安装两种特殊的照明灯具，就是标志灯和应急灯。标志灯是向使用者提示空间设施或场所的标准，也是安全警告和紧急疏散的标志。应急灯能在突然停电时提供最低限度的短时间照明，应急照明是公共空间的必备设施，在居住空间中常用于楼梯、走廊等公共区域。

图 4-108　一般照明

图 4-109　重点照明

4.2.5.3　居住空间室内照明设计的作用

（1）满足生活的功能需求　居住空间室内照明设计中首先应考虑的问题是，满足不同空间和区域的照明需求，如保证客厅的明亮，保证玄关处的基本照明，书房的照度符合阅读的基本需求，卫生间的镜前灯设置等。

（2）营造氛围　室内空间布置加入灯光后，增添空间的层次感，可使空间表达更为多样化，更好地表现空间设计主题；同时也可以对设计中的某种气氛起到烘托的作用，加强设计的感染力。灯光和产生的光影之间首先可以形成一种艺术表达，两者相互映衬，增添空间活力。灯光与光影搭配组建在一起可以营造出灵活、多样的空间氛围。随着灯光方向的转变带动光线的改变，促使光影在空间上与灯光形成交替互动，产生对比，加强了室内空间的立体效果，增加空间的活力。另外，不同光源的色温设计也影响着空间的氛围，光源的冷暖直接关系着人们对空间的感受。

灯光的色温设计与光影的组合，可以营造出多种空间氛围以满足人们的生活需求，如卧室的灯光一般是选择柔和的暖色调光源，营造出温馨舒适的睡眠环境，提高人们的睡眠质量（图 4-111 ）。

图 4-110　装饰照明

图 4-111　暖色调卧室灯光

4.2.5.4　居住空间室内照明设计的一般程序

（1）明确相关内容　明确各空间照明的用途和想达到的效果，确认环境的性质，确定照明设计的目的，如除满足基本照明外，是否有其他功能需求，对氛围营造是否有特殊要求等。

（2）确定合适的照度　根据照明的目的和使用要求确定出合适的照度，根据使用要求确定照度的分布。比如活动的性质、环境及要达到的视觉效果来确定照度的标准。

（3）照明质量　需要考虑视野内的亮度分布，室内最亮的照度、工作范围的亮度与最暗的亮度对比，还需要考虑主体物与背景之间的亮度与色度的对比。如果是需要有明显光影和光泽面亮度的照明，则要选择指示性的光源；如果是需要无阴影的照明则应该选择扩散性的光源；如果需要避免眩光，光源的亮度则不要过高，增大视线和光源之间的角度，提高光源周围的亮度，避免反射的眩光。

（4）对光源的选择　对光源的选择上除考虑空间的照明效果外，还应考虑光环境带来的心理效果及经济性。白炽灯已基本退出照明的历史舞台，荧光灯（包括节能灯）和 LED 灯作为常用光源。LED 光源因其发光原理不同于传统光源，发光过程中产生的热量低，因此被称为冷光源。LED 灯是目前光效率最高的光源，LED 灯具较之其他光源有耗电量低、高亮度、低热量、寿命长、体积小、无汞污染等优点，日益受到人们的喜爱。

（5）确定照明的方式　根据具体要求选择照明类型。照明类型可分为直接照明、半直接照明、漫射照明、半间接照明、间接照明等。比如吸顶灯漫射照明，吊灯半间接照明、壁灯半间接照明、台灯和投射灯直接照明。按照度来分，可以分为一般照明、局部照明、混合照明等。

（6）灯具的选择及位置的确定　在灯具的选择上，首先应考虑灯具的效率、光线和亮度；其次是灯具的形式和色彩是否与室内整体的设计风格相协调。比如，外露型灯具会随着房间的进深增大而眩光也会变大。在灯具位置的确定上，按照照度进行计算，可利用逐点计算法；按照不同光源的直接照射均照度的计算，可利用系数法，同时确定灯具的数量、容量及分布。

（7）电路设计　居住空间照明的电路设计中主要需考虑的问题是照明开关的设置应方便使用。如开关的位置应满足不同使用人群的触手可及；卧室等空间的照明电路可采用双控开关，即门口处和床头均设置控制照明的开关。空间若设置吊灯或吸顶灯等主灯，主灯一般应位于空间顶面中心处。同一空间中若设置了多种灯光组成的光环境，如在空间内主灯、灯带、射灯等多种光源，则应分别设置其电路，便于区别控制。

（8）总体协调　主要应考虑照明位置的设置是否合理，与室内设计的整体风格是否统一协调。

4.2.5.5　照明设计在居住空间中的运用

随着人们生活品质的提高，居住空间对灯光照明的要求也越来越高，从最初仅需满足实用性到如今的在居住空间的色彩、造型、材质和氛围营造等方面发挥着越来越多的作用。在进行照明设计时，不仅要考虑其使用功能，还需要利用不同的人工照明方式、光照亮度的变化以及光影的分布对环境进行美化，进行氛围的烘托，增加空间感。因此，照明在作为一种使用工具的同时还应该注重其艺术性。

在居住空间中，不同功能的房间对照明设计的要求也会有所不同。我们在考虑方案时，首先应考虑照明设计是否满足空间的功能要求，再考虑其艺术效果，切不能因为一味追求装饰效果忽略本身的功能需求。居住空间设计对灯光的使用分为三种形式：自然光线、人工照明及二者的结合。灯光照明是可以烘托氛围，表达空间基调，也有助于人文情感的传递，将人们的注意力引导到特定的位置上。同时，还能让场景的表达层次化，增强场景的深度。因此，居住空间照明设计时，需要根据各个房间和空间的不同特点来进行相应的设计，让灯光与灯饰、家具统一协调起来。

（1）玄关空间照明设计　玄关是进入居住空间后最先看到的地方，也是对居住空间留下第一印象的重要场所，因此，玄关应营造出温馨的家庭氛围。通常，住宅的玄关都没有窗户，缺少充足的自然采光，同时玄关又是进行更换鞋子等活动的场所，所以玄关的照明设计显得非常重要。一般情况下人们不会在玄关停留太长的时间，也可以考虑感应式照明与延长开关的形式。而且在玄关处设置装饰性照明也是一种很好的选择，能将此处装饰品的质感与色泽很好地烘托出来，让工作一天的人进门就有轻松舒适的感觉（图4-112）。

玄关的照明设计，首先应考虑到玄关的自然照明较差，需要利用灯光来进行补充。另外，玄关应避免给人晦暗阴沉的感觉，要合理地进行灯光组合搭配，根据不同的需求安排不同的灯光，达到突出重点，层次分明的效果。一般在设置主灯源的同时，搭配射灯作为穿衣灯；在墙面与陈设的部位设置重点照明，营造出一个温暖明亮的空间。

（2）客厅空间照明设计　客厅又称起居室，在照明设计方面应满足家庭聚会、娱乐会客、看电视、阅读等功能。明亮舒适的光线有助于愉悦氛围的营造，观看电视等休闲活动中应考虑减轻眼睛的负担，根据不同的功能需求进行有针对性的照明设计（图4-113）。

图4-112　玄关照明　　　　　　　　图4-113　客厅整体与局部照明设计

客厅作为家庭活动最重要的公共区域，较其他空间的灯具和照明设置更应多样化。通常，客厅等照明设置中既要有基本的照明，又要有重点及情趣的装饰照明，来营造出独特的氛围及丰富的空间层次。客厅的照明要满足亮度需求，但不能让使用者感到刺眼晕眩，在灯光设计上应设置可调节及能分层次关闭的光源。如在看电视时，可以关闭主体的照明灯、地灯、落地灯或者台灯等辅助照明灯源。客厅照明设计时应根据室内中不同的风格特点以及居住者的喜好选择不同的搭配。以欧洲的灯具风格为例，北欧风格简洁质朴，则比较适合有独特个性的搭配；意大利的设计是讲究设计感和质感；西班牙讲究粗犷元素。

在客厅的辅助照明方面，主要包括壁灯、台灯和立灯等。这些照明形式可以突出重点和增加光线的层次感。壁灯一般是选择安装在玄关、门厅或者走廊，起到视线的引导作用，也有不少家庭通过壁灯的装饰，让空间更有艺术氛围。落地灯的设置应需要考虑到顶棚的高度，如果层高太低，光线只能集中在局部，使局部显得灯光过亮，光线不柔和。落地灯最大的优点在于其移动方便。灯具的设置应保证与电视有合适的距离，灯具不能在看电视的视野范围内，但又需保证电视周围有足够的照明，减轻观看电视时眼睛的负担。通常，客厅的照明形式有：吊灯照明、吸顶灯照明、筒灯（射灯）照明及光带照明等。

（3）餐厅空间照明设计　餐厅在照明设计上应该考虑光线的柔和、充足，通常情况下以吊灯为主。餐桌上的照明会增加使用者的食欲，而柔和的光线是可以烘托进餐氛围，起到增强感情的作用（图4-114）。

餐厅具体的照明灯光模式需要根据空间的风格来设计，若使空间显得更为正式，需要将灯的位置放在空间的正上方。年轻业主追求现代风格，可设置一些比较特殊的灯光效果，如营造一些星光点点的效果。餐厅灯具应设置在餐桌中心位置上方，为了增加空间的层次感，还可以采用壁灯或者射灯来进行辅助照明，如突出墙壁的材质、突出酒柜及其装饰品等。餐厅若挂有装饰画或者摄影作品，还可用筒灯或射灯来提升其装饰性。

（4）厨房空间照明设计　厨房的照明设计应满足使用者在烹饪过程中所需要的光线。厨房的照明首先应该考虑到的是空间的功能性，在保证厨房这一工作空间正常功能照明的前提下再考虑其舒适性。

厨房作为居住空间的工作区域，应该采用无阴影的常规照明。根据《建筑照明设计标准》（GB-50034—2013）的规定：厨房的整体照明照度应该在100lx左右，灯具布置不宜过多，以简洁、干净、明亮、方便操作为主。操作台应要有足够照明，以保证烹饪时的安全。操作台照度应该在150lx左右。由于厨房有大量的油烟，所以应选择简单、方便拆卸和易于清洗的灯具。

厨房照明一般安装吸顶灯，这样就能够满足空间的普通照明需求。如果对生活品质要求比较高，还可以考虑在储物柜下安装照明灯，这样就可以使厨房的操作台拥有充足的光线，减少工作时的阴影。在灶台和洗菜盆上方也可以安装照明灯，这样可以让使用者更好地操作，提高愉悦感。

（5）卧室空间照明设计　卧室是整个居住空间中的重要组成部分，人的三分之一的时间都是在这里度过。在现代快节奏的都市生活中，卧室是让人深度放松，解除一天疲劳和压力的空间，所以卧室空间的照明设计需要重视。在设计中除了通过色彩来调节人的心理外，灯光也能起到重要的作用。卧室一般不需要很强的光线，在颜色上最好选用柔和温暖的色调，有助于烘托出舒适温馨的氛围。可用壁灯、落地灯来代替室内中央的主灯。壁灯宜用表面亮度低的漫射材料灯罩，这样可使卧室显得柔和，利于休息。床头柜上可用子母台灯，大灯作阅读照明，小灯供夜间起床使用。另外，还可在床头柜下或低矮处安上脚灯，以免起夜时受强光刺激（图4-115）。

图 4-114　餐厅照明设计　　　　　　　图 4-115　卧室照明

　　卧室的照明设计需要考虑所针对的使用者，比如年轻人、儿童、老人。根据不同的使用者来设计灯光，以营造出各种不同空间效果。如儿童房照明设计时，应对整体设计的色感进行把握，通过用灯光的色感去吸引和发挥儿童的想象力。除灯光色感外还应该从实用性去考虑，所以我们可以选择比较灵活的灯具，比如可以扭转不同的角度，可通过变换灯具位置及光线来满足儿童成长的需要。在设计老人房照明时，应该考虑老人使用空间的便利性和安全性。

　　（6）书房室内空间照明设计　书房在居住空间中一般是独立空间或者与其他空间兼用的形式，是属于陶冶情操、修身养性的地方，需要讲究文化氛围的空间。由于使用者在此空间主要是看书学习，照明设计首先应考虑对视力的保护。在选用灯具时，其主要照射面与非照射面的照度比为10：1左右。同时保证照度应达到150lx以上，这样才比较适合人的视觉要求。在考虑书房空间的照明环境时，还应注重灯具的实际照明效果及与室内空间的风格相协调。

　　书房是使用者长期生活以及学习的地方，应避免五颜六色的灯光。选择灯具时尽量以使用者的实际需求来考虑。台灯作为书房使用频率最高的灯具，是书房照明设计的重点。台灯的类型非常多，有变光调节台灯、双灯罩台灯等。双灯罩台灯能起到反射光线的作用，又有一定的透光性能，这样在使用时，灯具周围会形成一个半明亮的过渡区域，这样使用起来眼睛也不容易感到疲劳。

　　书房的照明上尽量使用自然光线，最好将写字台摆放在靠近窗户的位置，或者和窗户呈直角放置。一定要遵循使用者学习和工作的需求来进行设计，光线上一定要柔和明亮，避免出现眩光。主体照明可安装在书房的中间位置，同时再结合台灯照明，以此满足阅读需求（图4-116）。

　　（7）卫浴空间照明设计　卫浴空间的湿度较大，不适合设置活动式灯具，因此顶棚灯具是最合适的选择。卫浴空间的照度要求不高，只要能保证看清家具及用具即可。同时，需要根据面积的大小来决定照明形式。面积较大的卫生间需要以主光源来提供大面积照度，同时在局部运用辅助性灯光。空间较小的卫浴空间则可以利用局部照明来进行烘托。不同的灯光及位置会带来不同的效果，如一个配有洗面镜的墙面可通过设置灯带使镜子上面的光线更加柔和。卫浴空间采用壁灯，可避免蒸汽凝结在灯具上，影响照明和腐蚀灯具。

卫浴空间的整体照明还应采用不宜产生眩光的灯具，由于顶棚为了隐藏管道，通常顶高相对较矮，所以在照明上要采取相应措施，如保证灯光照度的同时，避免产生眩光；在灯具选择上注意防水性、封闭性和安全性。在灯饰的造型上可根据使用者的兴趣爱好进行选择。

图 4-116　书房照明

卫浴间的照明主要由两个部分组成，即净身空间和脸部整理。第一部分包括淋浴间、浴盆以及坐厕等空间，以柔和的光线为主，照度要求不高，但光线应均匀。光源还应该具有防水、散热和不易积水的特点。第二部分主要是满足洗脸化妆等功能需求，对光源的显色指数要求较高，一般只能是白炽灯或者显性色较好的高档光源。

（8）居住空间室内楼梯照明设计　楼梯照明设计在选择灯具类型时应选择电子节能灯比较合适，耗电量少，工作时间更长。楼梯间需要有均匀的照明，以此保证每一级台阶都能被清晰地照亮。在楼梯上避免使用聚光灯，因为它会产生阴影，造成使用的不方便。也可选择在楼梯踏步上方墙面设置壁灯的形式。

4.2.6　室内水、电、设备工程

4.2.6.1　给排水系统改造工程

给排水系统是室内设计最重要的工程项目之一，工程质量的好坏直接影响到我们的居住质量，室内给排水系统工程包括四个部分，给水系统、排水系统、热水系统以及施工流程。

（1）给水系统

1）给水系统组成　给水系统是为了满足人们日常生活需求的供给水源系统，部分住宅建筑还分了自来水系统和中水系统，这样可以有效地利用水源，做到节约用水（图 4-117）。

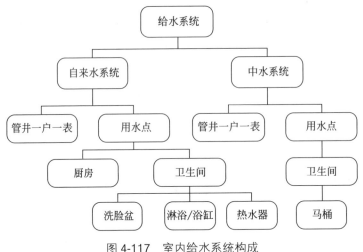

图 4-117　室内给水系统构成

2）给水系统在室内设计中的尺度　室内给水系统管道均采用 PPR 管，中水管需有标记，户内管道通常在地平面层内敷设。在改造之前，应确定厨房洁具、阳台及卫生间出水点的位置，将用水点、冷热水管定位下来。竖向的尺寸高度通常如下所示。

台盘冷热水高度：50cm；

墙面出水台盘高度：95cm；

拖把池高度：60～75cm；

标准浴缸高度：75cm；

冷热水中心距：15cm；

按摩式浴缸高度：15～30cm；

冲淋高度：100～110cm；

冷热水中心距：15cm；

热水器高度（燃气）：130～140cm；

热水器高度（电加热）：170～190cm；

小洗衣机高度：85cm；

标准洗衣机高度：105～110cm；

蹲便器高度：25～30cm；

坐便器高度：100～110cm。

上述尺寸仅供参考，可按项目实际情况来确定。

（2）排水系统

1）排水系统组成　排水系统主要包括生活排水系统和雨水排水系统，生活排水系统又包括厨房排水系统和卫生间排水系统。在生活排水系统的两大类排水系统中，又有它们各自的特点和要求。

厨房排水系统：5 层以上首层独立排水；19 层以上首、二层独立排水；19 层以上排水管需要两根立管；18 层及以下排水管需要一根立管。

卫生间排水系统：5 层以上首层独立排水；19 层以上首、二层独立排水；10 层及以上两根立管；10 层以下一根立管。

2）排水系统节点 排水系统中有几个重要的节点是需要掌握的，包括存水弯、检查口、清扫口、地漏。

①存水弯 作用是在其内形成一定高度的水封，通常为 50～100mm，阻止排水系统中的有毒有害气体或虫类进入室内，保证室内的环境卫生。

②检查口 一般装于立管，供立管或立管与横支管连接处有异物堵塞时清掏使用，多层或高层建筑的排水立管上每隔一层就应装一个，检查口间距不大于 10m。检查口设置高度一般从地面至检查口中心 1m 为宜。

③清扫口 一般装于横管，尤其是各层横支管连接卫生器具较多时，横管长度超过一定长度时，横支管起点应设置清扫口。

④地漏 通常装在地面需经常清洗或地面有水需排泄的地方。地漏水封高度不能低于 50mm。所有洁（器）具排水支管与排水干管之间必须有水封保护，避免异味气体影响室内环境。

3）排水系统在室内装修设计之前需要考虑的问题

①合理选择卫生洁具，确定排水方式；

②根据排水管的大小，对排水系统进行合理布局；

③管井检查口的设置应合理，便于日后检修用；

④注意选用的地漏水封高度要满足 50mm 的要求；

⑤装修施工前需做闭水（通球）试验，地下埋设、吊顶内暗装的污水管、雨水管、冷凝水管等要达到确保不渗不漏（不堵）。

（3）给排水系统改造步骤 给排水系统改造步骤主要是安装准备、管路开槽、管道安装、管道检查、二次防水五个步骤。

1）安装准备 在进行给排水系统改造之前，应认真熟悉图纸，对管线位置进行定位，组织好给排水管道的走向及位置。

2）管路开槽 管路开槽需要按照以下规范进行：首先是进行弹线再开槽。在进行水管施工过程中应先按照施工图纸，在地面和墙面上进行弹线，确定好水管的具体位置和走向，再进行开槽。其次是开槽需注意横平竖直。平行走线的管路一律控制在 60～90cm 高（从地面算起），有水龙头的管路必须垂直，深度控制在 4cm，并在需要拐弯的地方采用大弯的工艺，应避免 90°的弯角。最后还应注意热水管与冷水管的间距。如两种管道同槽，冷水管容易在受热后发生变形，影响使用的寿命，同时热水管的保温性能也会受到影响。线槽开好后施工负责人需记好开槽管路尺寸、位置，方便以后洁具安装位置的确定。

管路开槽需注意以下几点：首先在承重墙和承重柱上严禁墙面开槽，因为这样会破坏墙体的承重结构，降低抗震的等级。其次是不能切割墙体内的钢筋部分，因为钢筋为承重结构的重要构件，切断钢筋会影响房屋的安全。墙面也不宜大面积开槽，应尽量避免在墙面进行开槽。

3）管道安装

①室内给水管安装　首先，在安装之前，应按照图纸及实际场地测得尺寸，并进行预制加工。然后进行断管、套丝、上零件、调直、校对，并将管段进行分组编号，做好安装准备。

其次，在主干管安装之前，应清理好管膛，承口朝来水方向的顺序排列。找平找直后，将管道固定。管道的拐弯处和始端处应支撑固定。捻麻时应先清除干净承口内的脏物，捻麻之后进行捻灰，用捻凿将灰填入承口，随填随捣，填满后用手锤打实，直至将承口打满，灰口表面有光泽。承口捻完之后需进行养护，冬季要采取防冻措施。

再次，支管安装阶段。此阶段需要核定不同卫生器具的冷热水预留口高度、位置是否正确、找平找正后去掉临时固定卡，上临时丝堵。支管如装有水表先装上连接管，试压后在交工前拆下连接管，安装水表。对明装水管需注意冷热水支管水平安装时热水管应在上，间距为 100 ～ 150mm。如厨房、卫生间的给水支管安装所在的墙面有贴砖，应在安装之前进行位置预留。对暗装支管则首先确定支管高度后进行画线定位，剔除管槽，也就是第一个阶段需要完成的，再将预制好的支管敷设在槽内，找平找正之后用勾钉固定。卫生器具的冷热水预留口要做在明处，并加上丝堵。热水支管应安装在冷水支管的上方，支管预留的位置也应为左热右冷。水表安装方面需注意水表外壳应距墙 3cm 之内，如果表前后直线长度超过 30cm，则应煨弯沿墙进行敷设。

②室内排水管安装　室内排水管安装的施工顺序，一般是先做地下管线，然后安装立管和支管，室内排水管道安装的重点为支管安装。排水管的安装铺设原则为先地下、后地上、先大管、后小管、再支管。

在安装之前，也应核对预留孔洞位置和大小尺寸是否正确，将管道坐标、标高位置划线进行定位。

首先是对排出管的安装，排出管与室外排水管道常采用管顶平接的方式，其水流转角不应小于 90°。如果采用排出管跌水连接且落差大于 0.3m，水流转角则不受限制。排水管通常沿卫生间墙角设置，穿过楼板应预留孔洞，立管与墙面距离及楼板预留孔洞的尺寸，应按设计要求或有关规定预留。最后为支管安装，也是室内装修的重要部分，在安装这部分时，应先对安装支管的尺寸进行测量记录，按正确的尺寸和安装的难易程度预先准备好，然后将吊卡装在楼板上，并按横管的长度和规范要求的坡度调整好吊卡高度，再开始吊管。在横管与立管、横管与横管连接时，应采用 45°三通、四通或者 90°斜三通及斜四通，尽量少采用90°正三通和正四通连接。

4）管道检查　在给排水管道安装完毕之后，对给排水管道进行充水试验，检查安装质量。应先将所有管道外端及地面上各承接口堵严，放净空气，然后以一层楼高为标准往管内注水，对试验管段进行观察，如无渗漏则认为合格。

5）二次防水　水路管道安装之后，用水泥砂子混合封好卫生间所有线槽。待线槽和地面干后，再次清洗地面与墙面，墙地面水分干了即可做防水。如果厨卫墙背面有家具，需做满墙防水，起到家具防潮作用。地面填渣的，需做好防水后填渣。由于地面之前做的防水在线路改造施工时防水表皮已遭破坏，则必须和墙面再做一次防水，使地面和墙面能够更有效地防水。

（4）给排水系统改造注意事项

1）首先在水路设计之前要想好与水有关的所有设备，比如净水器、热水器、厨宝、马桶和洗手盆等，它们的位置、安装方式及是否需要热水。

2）要提前想好用燃气还是电热水器，避免临时更换热水器种类，导致水路重复改造。

3）卫生间除了留给洗手盆、马桶、洗衣机等出水口外，最好再接一个出来，以后接水拖地等很方便，这要看客户是否喜欢。

4）洗衣机位置确定后，可以考虑把排水管做到墙里面的，美观且方便。

5）水路改造后一定要有打压测试。打压测试最好有业主在场，能起到监督作用。

6）洗衣机地漏避免采用深水封地漏，洗衣机的排水速度非常快，排水量大，深水封地漏的下水速度根本无法满足，会导致水流倒溢。

7）水路改造时，各冷、热水出水口必须水平，一般左热右凉，管路铺设需横平竖直。注意保证间距15cm（现在大部分电热水器、分水龙头冷热水上水间距都是15cm，也有个别的是10cm）；冷、热水上水管口高度一致。

4.2.6.2　电路改造施工

（1）电路改造施工步骤　电路改造施工顺序是施工人员对照设计图纸与业主确定定位点，施工现场成品保护，根据线路走向弹线，根据弹线走向开槽、开线盒，清理渣土，电线管、线盒固定，穿钢丝拉线，连接各种强弱电线线头（不可裸露在外），封闭电槽，对强弱电进行验收测试。首先要根据用途进行电路定位，比如，哪里要开关、哪里要插座、哪里要灯等，施工人员会根据业主的要求进行定位。其次是开槽。定位完成后，施工人员根据定位和电路走向，开布线槽，线路槽很有讲究，要竖直、规范的做法。不允许开横槽的原因是横槽会影响墙的承载力。最后是布线。布线一般采用线管暗埋的方式。线管有冷弯管和PVC管两种，冷弯管可以弯曲而不断裂，是布线的最好选择，因为它的转角是有弧度的，线可以随时更换，而不用开墙。冷弯管要用弯管工具，弧度应该是线管直径的10倍，这样穿线或拆线，才能顺利。

（2）需要的材料　电线一般分为强电线和弱电线。强电线是指交流电压为24V以上的电线，能满足日常生活中所有电器的使用，分为照明线、插座线、空调线。弱电线是指直流电路或音频、视频线路、网络线路、电话线路等，交流电压一般在24V以内，如家中的电话、电脑、电视机的信号输入线、音响设备等均为弱点电器设备，具有小电流、高频率、小电压的特点。

首先家装电路二次改造强电线路需采用经过国家强制3C认证标准的BV（聚氯乙烯绝缘

单芯铜线）导线；其次是强电材料遵循不同用途线缆采用分色原则，防止不分色造成后期维护不方便，具体为：零线一般为蓝色，火线（相线）黄、红、绿三色均可采用，接地线为黄绿双色线。保证线色的统一使用，有利于后期维护工作。

（3）线路改造要点及注意事项

1）强弱电的间距要在 30～50cm，过近会相互产生干扰；

2）强弱电不能同穿一根管内；

3）管内导线总截面面积要小于保护管截面面积的 40%；

4）长距离的线管尽量用整管；

5）线管如果需要连接，要用接头，接头和管要用胶粘好；

6）如果有线管在地面上，应立即保护起来，防止踩裂，影响以后的检修；

7）当布线长度超过 15m 或中间有 3 个弯曲时，在中间应该加装一个接线盒；

8）一般情况下，空调插座安装应离地 2m 以上；电线线路要和煤气管道相距 40cm 以上；

9）没有特别要求的前提下，插座安装应离地 30cm 高度；

10）在做完电路后，需制作一份电路布置图，一旦以后要检修或墙面修整或在墙上钉钉子，可按图避开防止电线被打坏；

11）开关、插座面对面板，应该左侧零线右侧火线；

12）室内装修中，电线只能并头连接，接头处采用按压接线法，必须要结实牢固，接好的线，要立即用绝缘胶布包好；

13）家里不同区域的照明、插座、空调、热水器等电路都要分开分组布线，一旦哪部分需要断电检修时，不影响其他电器的正常使用；

14）电路设计时一定要详细考虑可能性、可行性、可用性之后再确定；

15）卧室顶灯可以考虑双控（床边和进门处）；

16）客厅顶灯根据生活需要可以考虑装分控开关（进门厅和回主卧室门处）；

17）注意观察电话插座、网线插座内有无模块；

18）环绕的音响线应该在电路改造时就埋好；

19）排风扇开关、电话插座应装在马桶附近，而不是进卫生间门的墙边；

20）卫生间采暖设施应考虑装在靠近淋浴房或浴缸的位置，而不是装在卫生间的中心位置；

21）阳台、走廊、衣帽间可以考虑预留插座；

22）带有镜子和衣帽钩的空间，要考虑镜面附近的照明；

23）插座的位置很重要，常有插座正好位于床头柜后边，造成柜子不能靠墙的情况发生；

24）有些厨房的插座还是带开关的方便，以避免电饭锅插头时常拔来拔去；

25）电路改造有必要根据家电使用情况考虑进行线路增容；

26）各房间插座开关面板参考数据。照明控制主开关高度 1200～1400mm，左右距毛坯门框 200mm；普通插座高度 350～400mm；床头双控开关高度 850mm 左右；壁挂电视电源高度根据空间大小及电视尺寸确定，一般高度为 1000～1200mm；背景音乐、温控、智能照明、电器控制弱电面板高度数值参考照明主开关，以方便控制为宜。

4.2.6.3 采暖设计

供暖是指用人工方法向室内供给热量，以创造适宜的生活或者工作条件的技术。供暖的主要目的就是不断地向房间供给相应的热量，维持房间必须的温度，以改善工作和生活条件。

（1）南北方供暖方式 南北方由于地域特点不同，所以采用的供暖方式也有很大不同。北方以温带季风气候为主，夏季炎热多雨，冬季寒冷干燥。南方则是以亚热带季风气候为主，夏季炎热多雨，冬季温和湿润。南北方差异明显，南方降水多，北方寒冷，所以在此背景下形成了南北供暖方式的差异。

1）北方供暖 北方供暖分为集中供暖方式、分户供暖方式和地热采暖方式。

①集中供暖 集中供暖方式包括地板辐射式采暖和电热膜采暖系统两种方式。

地板辐射式采暖可以由分户式燃气采暖炉、市政热力管网、小区锅炉房等各种不同方式提供热源。此种供暖方式的特点为地面温度均匀，室温自上而下逐渐递减，舒适度高，十分清洁，也是最节能的一种方式，且便于装修和摆设家具，随意调整温度。缺点则是不便于二次装修，维修也很麻烦，用材的质量要求高，铺地毯会影响采暖，对家具会造成变形等影响。

电热膜采暖系统多为顶棚板式布置，也有少部分铺设在墙壁及地板下。这种供暖方式特点是投入少，使用寿命长。在密封、保温、隔热性强的节能型住宅中使用较为节能，费用较低，房间也可进行调温。缺点是对住宅的节能性要求较高，不能在顶棚打孔，钉钉子。

②分户供暖 分户供暖方式的特点在于用户可以根据自己的喜好随意选择，同时用热也可以单独计量。包括独立式燃气（或电）采暖炉和家用电锅炉。

独立式燃气（或电）采暖炉包括以天然气、液化石油气、煤气、电能源等不同类型的分户式采暖炉。优点是可以自行设定采暖实践，分户计量。家中无人的时候还可以保留 4° 左右的低温运行，起到防冻作用。缺点则是存在一定的安全及污染隐患。

家用电锅炉的优点是占地面积小，安装简单，操作便利，采暖的同时也能提供生活热水，舒适性高，适合较大面积的低密度住宅和别墅，可满足多种时段，不同温控预设功能。缺点则是前期投入大，运行费用较高。

③地热采暖 地面温度均匀，室温自下而上逐渐递减，舒适度高。空气对流减弱，有较好的空气洁净度。与其他采暖方式相比，较为节能，节能幅度约为 10%～20%，有利于屋内装修，增加 2%～3% 的室内使用面积。缺点是对层高有 8cm 左右的占用，不宜二次装修，易损坏地下管线。铺设木地板则有干裂的麻烦，最好选用地砖或复合地板。设定温度不能太高，否则会大大降低输送管道的使用寿命。

2）南方供暖 由于南方地区的历史习惯，居民住宅中大部分并没有预先设置采暖设施，由于南方湿度大，空气中的水分含量多，这样冬季显得更加寒冷，一般南方供暖主要分为家庭空调采暖和燃气壁挂炉采暖两种方式。

空调采暖的优点是可以加热取暖，也可以制冷降温。但其缺点也是比较明显的，空调采暖是通过机械动力直接吹出热风，这样就会让室内空气比较干燥，同时吹出来的热风加强了空气的流通，引起了地面尘土的飞扬，降低了室内空气的质量，对使用者的健康也产生了影响。另外，空调在工作时也会产生噪声，会影响使用者的心情及睡眠，在造价和维修费用上也是比较高的。

燃气壁挂炉采暖主要是以天然气、液化石油气、城市煤气为能源。可以安装在厨房里、阳台上、地下室或阁楼上，通过室内管线与散热器的连接，则可以同时实现暖气与生活热水的供应，也可以调整不同居室的温度。家中无人时，还可以调低温度，起到保温防冻的作用。

（2）供暖系统的组成及方式

1）供暖系统的分类　热媒可分为热水供暖系统、蒸汽供暖系统、热风供暖系统；散热方式可分为对流供暖和辐射供暖，对流供暖是散热器供暖系统，而辐射供暖则是金属板辐射或顶棚、地板辐射。

2）供暖系统的组成及方式　供暖系统的组成部分主要包括热媒制备设施、热媒输送管道、热媒利用设施三个部分。其中热媒制备设施是供暖系统的主要热源，是具有一定压力和温度等指标的蒸汽或者热水设备。热媒输送管道主要作用是将热源输送到用热空间。热媒利用设施主要是供暖系统中的散热设备。

供暖方式分为局部供暖和集中供暖两种类型。局部供暖是将热源和散热设备合并成一个整体，分散设置在各个房间里，这样的方式则叫作局部供暖。比如有火炉、火墙、火炕、电红外线等形式都属于局部供暖。集中供暖是热源和散热设备分别设置，热源通过热媒管道向各个房间或者各个建筑物供给热量的供暖系统，称之为集中式供暖系统。以热水和蒸汽作为热媒的集中采暖系统是可以比较好地满足人们的日常生活和工作对室内温度的需求，并且卫生条件相对较好，减少了对环境的污染。

（3）采暖设计在居住空间运用中的注意要点　采暖设计在居住空间设计中是一个相对较难处理的部分，由于传统的设计思维，再加上设计师本身的经验不足，往往会将此类工程通过遮挡包管等方式进行隐藏起来。其实这样的做法是非常不合理的，因为如果将暖气设备包起来，是很不利于散热，也不利于清理，同时还让仅有的使用面积缩小。从长期来看，这样处理的弊端非常多，所以在进行方案设计的同时，需要将方案合理化和美观化相结合。

那么，在设计的时候，暖气片的位置、片数及风格就需要用心考虑了。虽然目前市场上有很多新型暖气片可供选择，它们的适应性和美观性都能满足设计上的需求。而通常情况下，暖气片放在窗下或者冷辐射比较强的位置效果会比较好。又比如，如果家里使用落地窗，则就可以把暖气放在落地窗的侧墙上面。下面针对居住空间里的不同空间进行分析。

首先是客厅区域。客厅主要是解决过渡的问题。一般情况下在客厅与玄关之间的界面墙上，可以安装一组壁挂式暖气，这样会有效地解决客厅与玄关的采暖问题。同时，暖气的设计可以结合空间的色彩基调进行适当的处理，暖气片的色彩应与客厅顶棚的色彩相协调呼应，与地面及沙发布艺等相协调，让客厅与玄关之间的过渡显得自然美观又富于变化。其次是卧室、书房区域。此区域一般是将暖气片放置于窗下，这样既节省空间，又给室内带来了活跃氛围。

（4）采暖设计工艺流程及地面构造注意要点　室内采暖设计工艺流程主要有以下步骤：定位画线、干管支架安装、干管/主力管安装、隐蔽管道水压试验、保湿及验收、立管支架和套管埋设、分立管安装、散热器组对试压及就位安装、散热器支管安装、系统试压/清洗/调试及验收、管道系统防腐涂漆。热水地面辐射供暖系统主要包括基层、找平层、绝热层、伸缩缝、填充层和地面层组成。

在具体的采暖地面构造做法中，需注意以下要点：

1）工程设计了双向散热，在楼层间的楼板上可以不设置绝热层；

2）处于底层并与土地相邻的地面，需设置防潮层和绝热层，防潮层在下；

3）卫生间的空间里，需在填充层上设置隔离层，采用热阻小的材料作为面层；如果面层为带龙骨的架空木地板时，加热管应敷设在木地板的下面以及龙骨之间的绝热层上；

4）在与墙体、门及柱子这一类垂直部件的交界处，则应留有伸缩缝，伸缩缝应不小于2cm；如果地面面积超过 30m² 或者长度超过 6m 时，应设置伸缩缝，宽度应不宜小于 8mm。

4.2.6.4　空调与新风系统

（1）新风系统的概念　新风系统是一种新型室内通风排气设备，属于开放式的循环系统，让人们在室内也可以呼吸到干净、高品质的空气。其工作原理是根据在密闭的室内一侧采用专用设备向室内送新风，再从另一侧由专用设备向室外排出，在室内形成"新风流动场"，从而满足室内新风换气的需要（图 4-118）。

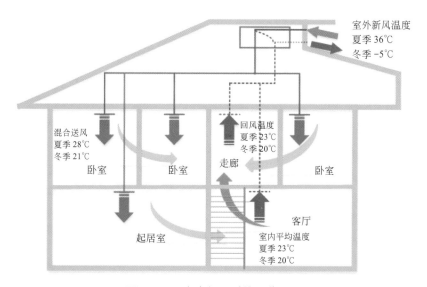

图 4-118　中央新风系统工作原理

具体实施方案是：采用高压头、大流量、小功率、直流高速无刷电机带动离心风机，依靠机械强力由一侧向室内送风，由另一侧专门设计的排风新风机向室外排出的方式，强迫在系统内形成新风流动场。在送风的同时对进入室内的空气进行新风过滤、灭毒、杀菌、增氧、预热（冬天）。排风经过主机时与新风进行热回收交换，回收大部分能量通过新风送回室内。借用大范围形成洁净空间的方案，保证进入室内的空气是洁净的，以此达到室内空气净化环境的目的（图4-119）。

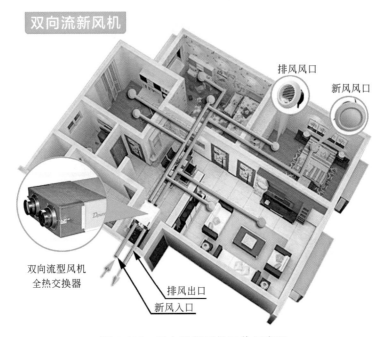

双向流新风机

排风风口

新风风口

双向流型风机
全热交换器

排风出口
新风入口

图 4-119　双向流新风机工作示意图

其传输方式是采用置换式，而非空调气体的内循环原理和新旧气体混合的不健康做法，户外的新鲜空气通过负压方式会自动吸入室内，通过安装在卧室、客厅或起居室窗户上的新风口进入室内，自动除尘和过滤，有效解决了室内的通风死角问题。

（2）新风系统的功能及作用　新风系统换气不仅仅是排去污染的空气，还具有除臭、除尘、排湿、调节室温的功能。

1）新风系统主要功能

①换气功能　主要是排出被污染的空气，供给人们呼吸所需的新鲜空气，让室内一直都保持舒适清新的空气环境。

②除臭功能　换气扇能迅速排出各种原因引起的不适的臭味，制造一个舒适的环境。

③除尘功能　飘浮在空气中的灰尘，附有许多肉眼看不到的细菌，所以要驱走室内空间里的尘埃，创造一个舒适的环境。

④排湿功能　居室里的湿气不仅仅来自浴室，人体和燃具也会释放出水分，而且现在建筑密闭性比较好，室内湿气排不出去，家具和墙则容易生霉，所以用换气扇经常除去室内的湿气，能使居室和人保持舒适和健康。

⑤调节室温 夏天的夜晚，用换气扇驱走室内的热气，把外面凉爽的空气置换进来。冬天进行全热交换减少室内温度流失，提高冬天的取暖效果。

2）新风系统作用

①不用开窗也能享受大自然的新鲜空气；

②避免传统的"空调病"；

③避免室内家具、衣物发霉；

④清除室内装饰后长期缓释的有害气体，利于人体健康；

⑤调节室内温度，节省取暖费用；

⑥有效排除室内各种细菌、病毒；

⑦声音很小，几乎静音状态。

3）中央空调智能换气系统 此系统的原理是空调与新风系统的结合，并不是带新风系统的空调。在选择新风系统类别时，有负压式新风系统和热回收新风系统，二者各有优势。在选用的时候应该根据具体的需求进行选择。比如对于家庭用户，选用负压式新风系统就可达到非常好的换气效果。现在人们普遍认为的比较高档的热回收新风系统，其实更适合于写字楼、商场、饭馆等人多的场所，其换气量大，能量损失的多。家庭的能量本来损失不多，如果安装热回收新风系统，不管是前期投入还是后期运行费用，都是负压式新风系统的好几倍。

4.3 任务实施

4.3.1 任务实施步骤

步骤一：根据业主家庭成员组成完成空间功能划分，根据业主要求确定家庭装饰装修风格及家具风格。在充分与业主沟通前提下，学生需要具备室内空间设计、室内设计风格知识作为基础。

步骤二：分析户型建筑结构体系，通过前期对房屋测量的结果，了解建筑结构体系，确定房屋户型是否需要进行改造。通过门、窗及墙体结构确定室内动静空间划分。通过上、下水，燃气管道，电气设备位置进一步确定厨房、卫生间等的布局。通过顶高和梁结构确定是否安装吊顶及吊顶位置。

步骤三：根据各空间开间、进深尺寸，空间功能划分，业主对家庭装饰装修风格需求，对家具形式及使用的要求，确定家具的选型与布置方案，确定陈设品选型与布置方案。在充分了解户型并与业主沟通前提下，学生需具备家具与陈设的相关知识，熟悉人体工程学、常见家具尺寸，了解家具、陈设的类型及布置原则。

步骤四：根据各空间开间、进深尺寸，楼层，采光、通风情况，业主对风格要求，业主对颜色、造型、材质的喜好，设计造价控制等综合考虑墙面、地面、顶棚吊顶等的室内装修材料类型、造型、颜色及室内照明形式。在充分了解户型并与业主沟通的前提下，学生需要具备室内界面设计，室内照明设计，室内水、电、设备工程知识基础。

步骤五：绘制设计方案草图，根据前面的构思与设计，分别绘制平面布置草图、顶棚布置草图、主要立面草图。绘制效果表现文件，主要有手绘效果图，运用计算机完成室内 VR 场景、室内全景图或效果图。需要学生具备制图能力、手绘效果图表现能力、电脑建模及渲染能力、VR 场景制作能力。

（1）绘制平面布置图　可采用手绘或利用 CAD 软件绘制（图 4-120）。如涉及墙体与房屋结构改造，需绘制墙体拆建图。复杂地面，需绘制地面铺装图。以上草图的内容通常包括：家具的形式、家具摆放位置、隔断材质与尺寸、拆改墙体位置、门的类型及开启方式、地面标高、地面材质及铺装方向等（图 4-121）。

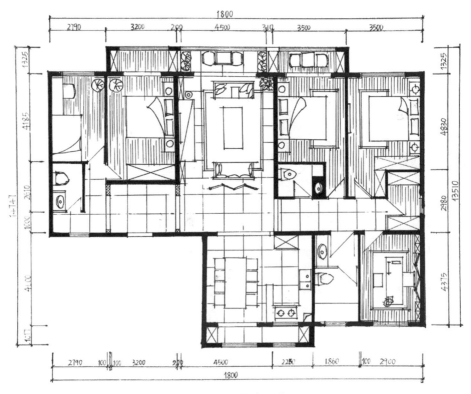

图 4-120　平面布置草图

（2）绘制顶面布置图　可采用手绘或利用 CAD 软件绘制。一般包括：顶棚面层材质及施工工艺、顶棚吊顶尺寸、顶棚吊顶标高、顶棚吊顶材料、顶棚吊顶构造形式、顶棚灯具及照明形式、顶棚灯具位置、顶棚安装的其他设备及其位置。

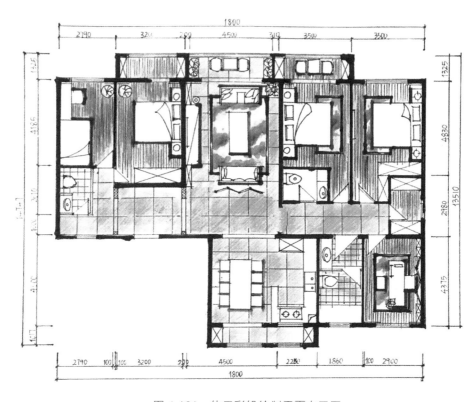

图 4-121 使用彩铅绘制平面布置图

（3）绘制主要立面设计草图 可采用手绘或利用 CAD 软件绘制。一般包括：主要立面造型、面层材质、尺寸、颜色、立面照明、电器设备等（图 4-122～图 4-126）。

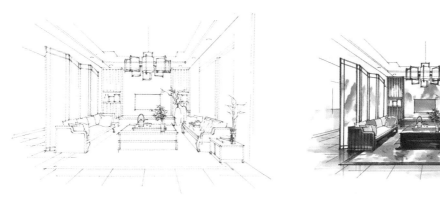

图 4-122 客厅立面草图　　　　　　图 4-123 客厅效果图

（4）运用 3D Max 软件（或 Revit 软件、SketchUp 软件等）完成计算机场景建模。

（5）构建 VR 场景或渲染，并输出效果图、全景图 在 VR 场景中可以实现方案切换、材质替换、开关灯、开关门、视频资源播放、家具及陈设品移动等，借助于 VR 硬件设备，可以实现所见即所得的身临其境感（图 4-127、图 4-128）。

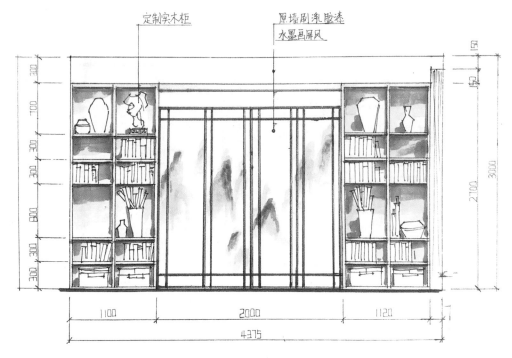

图 4-124　书房立面草图

图 4-125　书房铅笔绘效果图

图 4-126　书房水墨效果图

图 4-127　VR 场景一

图 4-128　VR 场景二

（6）撰写设计说明　整理平面布置草图、顶面布置草图、主要立面草图、VR 场景文件或效果图、全景图。

4.3.2　方案优化

（1）根据方案设计形成的文件，向业主反馈并进一步沟通。

（2）对业主反馈的信息进行整理和方案优化调整。

（3）材质、颜色、照明形式、家具与陈设品位置等调整可借助 VR 场景，进行虚拟调整设计，直到客户满意。

（4）调整装饰风格、材质、颜色、家具与陈设品形式、家具与陈设品位置、照明形式等，还要根据造价控制考虑材质、构造工艺等方面的内容。

5 施工图绘制

知识目标：

1. 了解和掌握施工图制图规范；

2. 了解居住空间施工图的内容组成；

3. 明确各类居住空间施工图所表达的内容；

4. 掌握装饰材料选材；

5. 能按建筑制图的国家标准绘制完整的建筑装饰施工图。

能力目标：

1. 在正确识读建筑装饰施工图的基础上，了解住宅的特征和设计要点；

2. 了解制图标准，掌握住宅建筑空间图纸的绘制技能；

3. 深化设计方案，明确装饰材料选材，绘制符合制图规范、满足施工要求的完整施工图。

5.1　任务与分析

5.1.1　任务目的

依据空间装饰设计方案，对设计方案进行深化，深化装饰和家具构造，明确尺寸，根据制图规范，绘制符合施工要求的施工图。

5.1.2　任务分析

（1）了解和掌握施工图制图规范；

（2）熟悉居住空间施工图的内容组成；

（3）在第3章量房的基础上，基于本项目的设计风格，根据装饰施工图制图规范，绘制项目的全套施工图。

基础知识

5.2.1 施工图制图规范

在室内设计的过程中，施工图的绘制是表达设计者设计意图的重要手段之一，是设计者与各相关专业之间交流的标准化语言，是控制施工现场能否充分正确理解、消化并实施设计理念的一个重要环节，是衡量一个设计团队的设计管理水平是否专业的重要标准之一。专业化、标准化的施工图操作流程规范不但可以帮助设计者深化设计内容、完善构思想法，面对大型公共设计项目及大量的设计订单，也可以帮助设计团队在保证品质及提高工作效率方面起到积极、有效的作用（图5-1）。

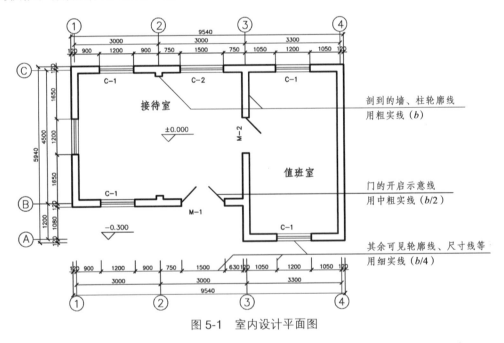

图 5-1　室内设计平面图

（1）图纸幅面规格　图纸幅面是指图纸本身的规格尺寸，也就是常说的"图签"。为了合理使用并便于图纸管理、装订，室内设计制图的图纸幅面规格尺寸延用建筑制图的国家标准，见表5-1的规定。

表5-1　图纸幅面及图框尺寸

尺寸代号	幅面代号				
	A0	A1	A2	A3	A4
$b \times L$/mm	841×1189	594×841	420×594	297×420	210×297
c/mm	10			5	
a/mm	25				

（2）标题栏与会签栏　标题栏的主要内容包括设计单位名称、工程名称、图纸名称、图纸编号，以及项目负责人、设计人、绘图人、审核人等项目内容。如有备注说明或图例简表也可视其内容设置其中。

标题栏的长、宽与具体内容可根据具体工程项目进行调整。室内设计中的设计图纸一般需要审定，水、电、消防等相关专业负责人要会签，此时可在图纸装订一侧设置会签栏，不需要会签的图纸可不设会签栏。下面以A2图幅为例，常见的标题栏布局形式（图5-2）。

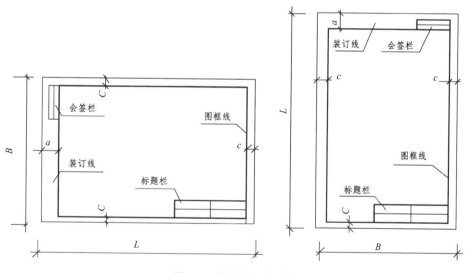

图5-2　标题栏及会签栏

（3）施工图常用的比例　室内设计图中的图形与其实物相应要素的线性尺寸之比称为"比例"。比值为1的比例，即1∶1称为"原值比例"；比例大于1的比例称为"放大比例"；比例小于1的比例则称为"缩小比例"。绘制图样时，采用表5-2国家规定的比例。

表5-2　施工图常用绘制比例

图名	常用比例
平面图、顶棚平面图	1∶50、1∶100
立面图、剖面图	1∶20、1∶50、1∶100
详图	1∶1、1∶2、1∶5、1∶10、1∶20、1∶50

（4）线型及用途　线型分为粗线、中粗线、细线三类。绘图时，根据图形的大小和复杂程度，图线宽度 d 可在 0.13mm、0.18mm、0.25mm、0.35mm、0.5mm、0.7mm、1mm、1.4mm、2mm 数系（该数系的公比为 $1:\sqrt{2}$）中选取。粗线、中粗线、细线的宽度比率为 4∶2∶1。由于图样复制中所存在的困难，应尽量避免采用 0.18mm 以下的图线宽度。

室内设计图中常用的线型及用途如表 5-3 所示。

表 5-3　线型及用途

名称		线型	笔宽	用途
实线	粗	——————	b	轮廓线、装修完成面剖面线
	中	——————	$0.5b$	空间内主要转折面及物体线角等外轮廓线
	细	——————	$0.25b$	地面分割线、填充线、索引线等
虚线	粗	- - - - - -	b	详图索引、外轮廓线
	中	- - - - - -	$0.5b$	不可见轮廓线
	细	- - - - - -	$0.25b$	灯槽、暗藏灯带等
单点划线	粗	—·—·—·—	b	图样索引的外轮廓线
	中	—·—·—·—	$0.5b$	图样填充线
	细	—·—·—·—	$0.25b$	定位轴线、中心线、对称线
双点划线	粗	—··—··—	b	假想轮廓线、成型的原始轮廓线
	中	—··—··—	$0.5b$	
	细	—··—··—	$0.25b$	
折断线		—⋀—		断开界线
波浪线		∿∿∿		断开界线

注：表中的 b 为所绘制的本张图纸上可见轮廓线设定的宽度，b 为 0.4～0.8mm。

（5）剖面符号的规定　在绘制图样时，往往需要将形体进行剖切，应用相应的剖面符号表示其断面（图 5-3）。

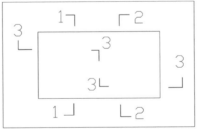

图 5-3　剖面符号

（6）字体的规定　在室内设计图纸中，除图形外还需用汉字字体、英文字体、数字等来标注尺寸及说明材料、施工要求和用途等。

1）汉字字体　图中汉字、字符和数字应做到排列整齐、清楚正确、尺寸大小协调一致。汉字、字符和数字并列书写时，汉字字高略高于字符和数字字高。

　　文字的字高应选用 3.5mm、5.0mm、7.0mm、10mm、14mm、20mm。如需书写更大的字，其高度应按比值递增，在不影响出图质量的情况下，字体的高度可选 2.5mm，但不能小于 2.5mm。

　　除单位名称、工程名称、地形图等特殊情况外，字体均应采用 AutoCAD 的 SHX 字体，汉字采用 SHX 长仿宋体。图纸中字型尽量不使用 Windows 的 TureType 字体，以加快图形的显示、缩小图形文件的大小。同一图形文件内字型数目不超过 4 种。

　　2）数字　尺寸数字分为直体和斜体两种。斜体字向右倾斜，与垂直线夹角约 15°。

　　3）英文字体　英文字体也分为直体和斜体两种，斜体也是与垂直线夹角约 15°。英文字母分大写和小写，大写显得庄重、稳健，小写显得秀丽、活泼，应根据场合和要求选用。

　　（7）引出线、材料标注　在用文字注释图纸时，引出线应采用细直线，不能用曲线。引出线同时索引相同部分时，各引出线应相互保持平行。常见的几种引出线标注方式，如图 5-4、图 5-5 所示。

　　索引详图的引出线，应对准圆心，如图 5-6 所示。

　　（8）尺寸标注原则　在标注尺寸时应遵循以下原则：

　　1）所标注的尺寸是形体的实际尺寸；

　　2）所标尺寸均以 mm 为单位，但不写出；

　　3）每一个尺寸只标注一次；

　　4）应尽量将尺寸标注在图形之外，不要与视图轮廓线相交；

　　5）尺寸线要与被标注的轮廓线平行，尺寸线从小到大、从里向外标注，尺寸界线要与被标注的轮廓线垂直；

　　6）尺寸数字要写在尺寸线上边；

　　7）尺寸线尽可能不要交叉，尽可能符合加工顺序；

　　8）尺寸线不能标注在虚线上（图 5-7）。

　　（9）详图索引标注　详图在本张图纸上时，表示为图 5-8 所示的标注样式一。详图不在本张图纸上时，表示为图 5-9 所示的标注样式二。索引详图的名称表示为图 5-10 所示的标注样式三。

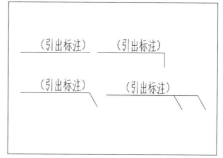

图 5-4　引出线标注

图 5-5　引出线标注范例

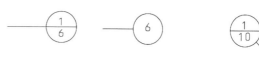

图 5-6　索引详图的引出线

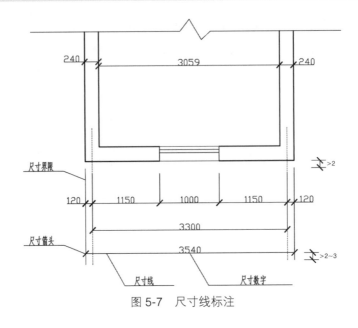

图 5-7　尺寸线标注

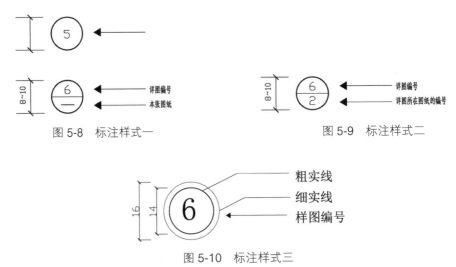

图 5-8　标注样式一

图 5-9　标注样式二

图 5-10　标注样式三

（10）图名、比例标注　图名标注在所标示图的下方正中，图名下画双划线（图 5-11）；比例紧跟其后，但不在双线之内，完整标注（图 5-12）。

图 5-11　图名标注

图 5-12　图名及比例标注

（11）立面索引指向符号　在平面图内指示立面索引或剖切立面索引的符号。

如果一幅图内含多个立面时可采用图 5-13 所示的形式。若所引立面在不同的图幅内可采用图 5-14 所示的形式。图 5-15 所示的符号作为所指示立面的起止点之用。图 5-16 所示的符号作为剖立面索引指向。

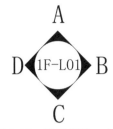

图 5-13　同时标注 4 个面

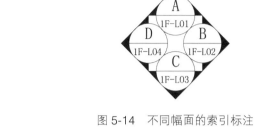

图 5-14　不同幅面的索引标注

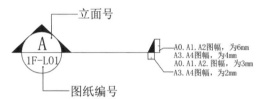

图 5-15　指示立面的起止点　　　　　　　　图 5-16　剖立面索引指向

（12）标高标注　标高标注用于顶棚造型及地面的装修完成面高度的表示。在不同的幅面中，标高的字体高度也会不同。

符号笔号为 4 号色，适用于 A0、A1、A2 图幅字高为 2.5mm，字体为宋体的标高标注样式（图 5-17）。符号笔号为 4 号色，适用于 A3、A4 图幅字高为 2mm，字体为宋体的标高标注样式（图 5-18）。

图 5-17　A0、A1、A2 图幅的标高　　　　　图 5-18　A3、A4 图幅的标高

由引出线、矩形、标高、材料名称组成，适用于 A0、A1、A2 图幅，字高为 2.5mm，字体为宋体（图 5-19）。

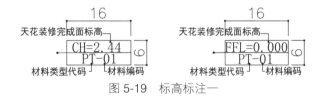

图 5-19　标高标注一

由引出线、矩形、标高、材料名称组成，适用于 A3、A4 图幅，字高为 2mm，字体为宋体（图 5-20）。

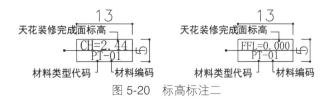

图 5-20　标高标注二

（13）图例　施工图图例见表5-4。

表5-4　施工图图例

图例	说明	图例	说明	图例	说明	图例	说明
	暗装10A五孔插座		单控单联翘板开关		结构墙体		单层窗
	墙面五孔插座		单控双联翘板开关		隔断		立转窗
	暗装10A五孔防水插座		单控三联翘板开关		栏杆		单层外开平开窗
	冰箱16A三孔插座		浴霸翘板开关		预制水泥空心板墙拆除		单层内开平开窗
	空调16A三孔插座		双控单联翘板开关		水泥压力板墙拆除		单扇门
	电视插座		双控双联翘板开关		轻钢龙骨墙体拆除		双扇门
	电话插座		移栅日光灯		砌块墙体拆除		推拉门
	建筑管理插座		射灯		新建轻钢龙骨石膏板墙体		墙外单扇推拉门
	弱电箱		可调角度射灯		新建砖砌墙体		墙外双扇推拉门
	配电箱		装饰花灯		新建混凝土墙体		墙中单扇推拉门
	对讲主机		吸顶灯		玻璃砖门		墙中双扇推拉门
	紧急按钮		暗装筒灯		木制推门		楼梯
	风机盘管		暗装防水防雾筒灯		旋转门		底层楼梯
	空调出风口		壁灯		竖向卷帘门		中间层楼梯
	空调回风口		地灯		横向卷帘门		顶层楼梯
	空调新风口		暗装暮灯				
	排风扇		烟道				
	暗装串排风浴霸		通风道				
	分水器		坡道				
	暖气		石膏阴角线				
	燃气表		过门石				
	空调温控开关		裁打线				
	下水竖向主管道(不同规格)						
	地面排水口						
	地漏						
	截止阀						
	标高符号						
	净高符号						

5.2.2 施工图构成

完整的施工图由平面图、立面图及节点详图构成。其中，平面图包含原始平面图、墙体拆除图、墙体新建图、平面家具布置图、地面铺装图、顶棚吊顶图、立面索引图等。

5.2.2.1 平面图

（1）平面布置图 平面布置是装饰工程的重要工作，它集中体现了建筑平面空间的使用。平面布置图是在建筑平面图的基础上，侧重于表达各平面空间的布置。对于室内设计来说，平面布置图一般包括家具、陈设品的平面形状、大小、位置，也包括室内地面装饰材料与做法的表示等；对于室外环境装饰工程来说，平面布置图包括总平面图和局部平面图，主要有建筑布局、园艺规划、景观配置、道路的走向、停车场、公共活动空间等平面布置。

如一幢宾馆大楼，它有表示其所建的位置、方向环境、占地形状及辅助建筑等内容的图纸，这就是总平面图。其局部平面图则是表示每一层中不同房间、不同功能的图纸。平面布置合理与否，关系到装饰工程的平面空间布置是否得当，能否合理利用建筑空间发挥建筑的功能。完整、严谨地绘制平面图，也是设计预想的可行性试验。因为有时一幅设计预想图（效果图）中表现的各部分感觉很好，但当用严格的尺寸对它们进行计算，逐件"就位"时，就可能存在不合理的地方。所以在绘制平面图时，就应该对预想图所表现的内容，如各部分的尺度、方位、空间等，依照人的活动和人体工程学的原理进行可行性的验证。

底层平面图应标明房屋的平面形状、底层的平面布置情况，即各房间的分隔、组合和房间名称、出入口、门厅、走廊、楼梯灯的布置和相互关系，各种门窗的布置，室外台阶、花台、室内外装饰以及明沟和雨水管的布置等。此外，还应标明厕所和洗浴室内固定设施的布置，并标注尺寸及标高等（图 5-21）。平面布置图有关规定和要求如下。

1）图线 墙体线要求用粗实线绘制、门窗洞口及建筑构件用中粗实线绘制，家具、地面铺装、尺寸标注、说明等用细实线绘制。

2）尺寸标注方法 在建筑平面图中，所有外墙应标注三道尺寸。最内侧的第一道尺寸是外墙的门洞、窗洞的宽度和洞间墙的尺寸；中间第二道尺寸是轴线间距的尺寸；最外侧的第三道尺寸是房屋两端外墙面之间的总尺寸。室内设计工程图中尺寸标注不多时，可以标为两道。

（2）地面铺装平面图 地面铺装平面图要求如下：

1）表达出该部分地坪界面的空间内容及关系；

2）表达出地坪材料的规格、材料编号及施工图；

3）如果地面有其他埋地式的设备，则需要表达出来，如埋地灯、暗藏光源、地插座等；

4）根据需要，表达出地坪材料拼花或大样索引；

5）根据需要，表达出地坪装修所需的构造节点索引；

6）注明地坪相对标高；

7）注明轴号及轴线尺寸；

8）地坪如有标高上的落差，需要节点剖切，则表达出剖切的节点索引。

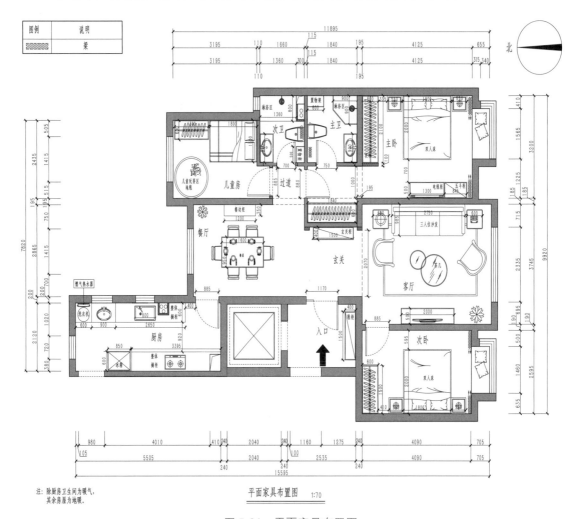

图 5-21　平面家具布置图

本项目地面铺装平面图（图 5-22）的主要内容及要求如下：

1）要求轴号、图名、比例、标高、图例说明、索引说明和完成日期；

2）至少标有总尺寸、轴距尺寸、门窗洞尺寸；

3）字体、字高统一；

4）不同的墙体填充，用不同的图案并配有图例；

5）不属于设计范围的图纸界面应有明显区别的填充图案，并配图例说明；

6）图签填写正确完整；

7）图内任何一根线和模块之间的相对尺寸都应用个位数为"0"的尺寸来标注；

8）门的开启方向正确；

9）墙面上有特殊用途功能的位置应用指引线标注说明；

10）表达出完成面的轮廓线；

11）文字图例摆放整齐、图面干净、构图美观大方；

12）平面图在立面图中出现大样表示时均应遵守以上要求；

13）可根据设计要求在平面图中绘制一些地面拼花；

14）如果有壁灯应在平面图中画出来。

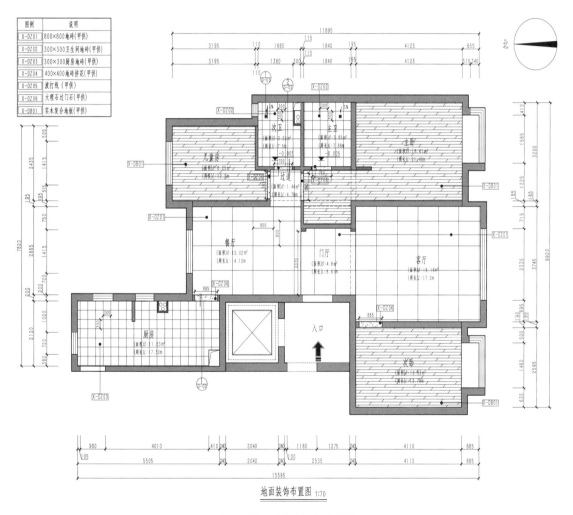

图 5-22　地面铺装平面图

（3）顶棚平面图　顶棚平面图主要用来表达室内顶部造型的尺寸、材料、灯具、通风、消防、音响等系统的规格与位置（图 5-23）。

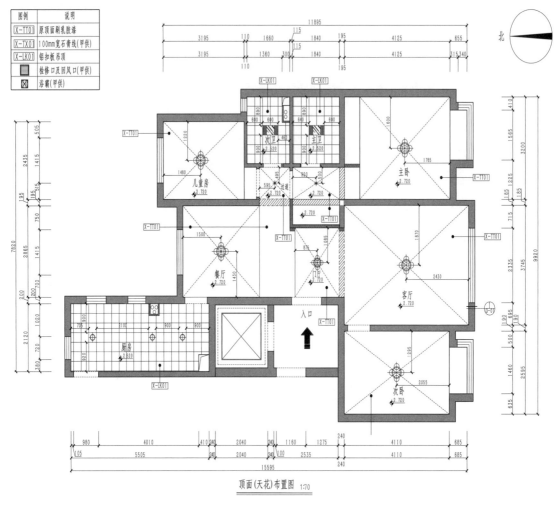

图 5-23 顶棚平面图

顶棚平面图包括综合顶棚布置图和顶棚放线图。值得注意的是，在一幢大楼中由于各房间的功能不同，其造型、灯饰、消防、通风的方式及风格也会不同。因为顶棚是装饰工程竣工后唯一没有任何遮挡的空间位置，它的占有面积大，所以其施工的效果对装饰工程有着非常大的影响。吊顶工程往往与供电、供风、给排水等有着必然的联系，所以要特别重视。

1）顶棚平面图的绘制方法　顶棚平面图一般有以下两种绘制方法。

①用一剖切平面通过门洞、窗洞的上方将房屋剖开，而后对剖切平面上方的部分作仰视投影；

②用上述方法割切，将上述的剖切面视为一镜面，镜面向上，画出镜面以上的部分映在镜子中的图像。

以往必须将上述两种方法所绘不同的图纸注明仰视或镜像。但是为了使顶棚平面图与平面布置图在方向上相协调、相对应，便于识读图纸，现在人们已普遍使用镜像投影画顶棚平面图了，也不再注明镜像。

2）顶棚平面图绘制的详细内容及要求如下：

①表达出顶棚的造型与室内空间的关系；

②表达出灯具灯位并配图例；

③表达出窗帘、窗帘盒及窗帘轨道；

④表达出门洞、窗洞的位置；

⑤表达出风口、烟感、温感、喷淋、广播、检修口等设备位置，保持图纸美观、整齐，并配图；

⑥表达出每个空间的中心线（用 CL 表示，即 Certer Line 的简称）；

⑦表达出标高（并用索引指出）；

⑧表达出材质、颜色、填充图案（并用索引指出）并配图例。

5.2.2.2 立面图

（1）立面图的概念　装饰立面图一般是指室内内墙的装饰立面图。它主要用以表示内墙立面的造型、色彩、规格，以及用材、施工工艺、装饰构件等。

室内立面图也称为剖立面图，它的准确定义是在室内设计中，平行于某空间立面方向上，假设有个竖直平面从顶至地将该空间剖切后所得到的正投影图。

位于剖切线上的物体均表达出被切的断面图形式（一般为墙体及顶棚、楼板），位于剖切线后的物体以立面形式表示。

立面图是表现室内墙面装饰及墙面布置的图样，除了画出固定在墙面上的装修外，还需要画出墙面上可灵活移动的装饰品以及地面上陈设的家具等设施。它实质是某一方向墙面的正视图。一般立面图应在平面图中利用视向图标指明装修立面方向。

（2）立面图的命名　对于立面图的命名，平面图中无轴线标注时可按视向命名，在平面图中标注所视方向，如 A 立面图。另外也可按平面图中轴线编号命名，如 B 或 D 立面图等。

（3）立面图的内容　装饰立面图常用表达方法如下。

1）依照建筑剖面图的画法，将房屋竖向剖切后所作的正投影图，这种图中有些带有顶棚的剖面，有些还带有部分家具和陈设等，所以也有人称其为剖立面图。这种图纸的优点是图面比较丰富，有时甚至可以代替陈设的立面图，从而简化了许多图纸，还能让人看出房间内部的全部内容及风格气氛等。它的缺点是，由于表现的东西太多，往往可能会出现主次不清、喧宾夺主的结果，如家具把墙裙挡住等。对于室内墙壁设计比较简洁，或大家能以公认的形式设计的墙面，可以采用这种形式表现立面。

2）按人们立于室内向各内墙面观看而做出的正投影图，一般不考虑陈设与顶棚，只是单纯地表现内墙面上所能看到的内容，室内陈设物与墙面没有结构上的必然联系。这种画法的优点是集中表现内墙面，不受陈设等物件的干扰，让人感到洁净明了。这种方法用于表现较为复杂的内墙装饰更为适合。但是，对于较为简单的内墙装饰，往往感到墙面空洞、单调，尤其是在较为简单的内墙设计中，虽然还有一定的陈设、家具要表现，但这种方法只能表现空洞的墙壁，往往让人有浪费图纸、小题大做之感。

装饰立面图，由于有隔墙的关系，各独立空间的立面图必须单独绘制。当然有些图纸也可以相互连续绘制，但必须是在同一个平面上的立面。一般情况下，同一个空间中各个方向的立面图应尽量画在同一张图纸内。有时可以连续地接在一起，像是一条横幅的画面，如同一个人站在房间中环顾四周一样，是一个连续不断的过程，这样使墙面风格形成比较与对照，可以全面观察室内各墙面间相互衔接的关系以及相关的装修工艺等。

（4）立面图的绘制　一般情况下，立面图有以下两种绘制方法。

1）按照建筑剖面图的画法，分别画出房屋内各墙立面以及相关物件的正投影图。

①所用线条粗细必须与平面布置图相对应，例如，绘制墙线的轮廓线与平面图墙体的轮廓线同粗，室内各物件的线条与平面图同粗；

②标注尺寸要与平面布置图相对应，特别是有些序号标示一定要准确无误，要标出比例尺。对于需用详图或说明的部位要标出；

③文字说明要选用与平面布置图相同的字体，并集中注写在图外；

④保持图面整洁；

⑤如果墙面没有复杂的造型和墙裙时，可以省略该墙立面图，但需说明该墙面的处理工艺及要求。

2）按站在室内环顾四壁的视线画立面图。

①按照建筑施工图找出需要画出的室内各墙立面，并按照装饰平面布置图的位置坐标顺序依次连接室内各墙面；

②再按照建筑施工图所提供的高度及对高度变化有影响的结构，找出其高度的变化；

③根据预想图和顶棚平面图所表现的顶棚形状，找出顶棚的结构、位置及顶棚的不同方向所表现的不同断面造型，从而定出房屋室内总立面图的形状，找出在室内能够看到的墙壁立面形状；

④按照准备—草图—绘图的顺序完成立面图的设计。

（5）立面图的识读要点

1）根据图名和比例，在平面图中找到相应的墙面。明确图名和方向，分别找出其墙面，明确它们的对应关系。根据立面图上的造型，分析这些装饰面所选的造型风格、材料特征和施工工艺。

2）依照其尺寸，分析各部位的总面积和物件的大小、位置等。一般先看该立面的总面积即总长度、总宽度，后看各细部的尺寸，明确细部的大小。

3）了解所用材料和工艺要求，如画镜线总共需要多长，而每条标准型材的长度如何，在墙面上每条画镜线接口如何处理，踢脚线的宽度是多少，完成后总长度是多少，而每张标准的板材又如何使用等。通过对材料的了解，也可以分析出选用什么样的工艺手法去实现预想的效果，如接口、接缝收口方式等（图5-24）。

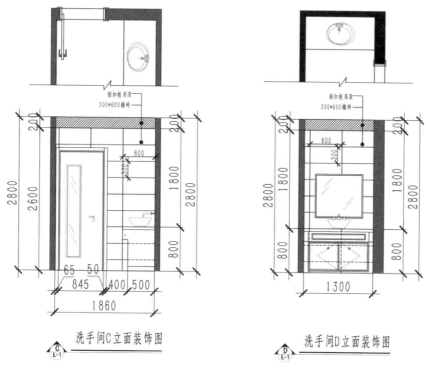

图 5-24　洗手间立面图

4）检查电源开关、中央空调风口等设施的安装位置，以便在施工中留出空间，避免改造形成浪费。

5）可能有些部分需要有详图表现，这就要注意索引符号，找准详图所在的位置。

【注意】　平面形状曲折的建筑物可绘制成展开的室内立面图。多边形平面的建筑物，可绘制分段展开的室内立面图，但均应在图名后加注"展开"二字。

5.2.2.3　剖面图

剖面图主要用来表示在平面图和立面图中无法表现的各种造型的凹凸关系及尺度、各装饰构件与建筑的连接方式、各不同层面的收口工艺等。一般剖面图有墙身装饰剖面图、顶棚剖面图及局部剖面图。由于装饰层的厚度较小，因此，常常应用较大的比例绘制，类似于详图。

墙体装饰剖面图主要表现墙体上装饰部位的剖面图，即横截面图。如房顶墙角阴角装饰线的剖面造型、踢脚线的剖面造型、隔声墙面的剖面造型、门窗边套的剖面造型等。顶棚剖面图主要表现顶棚的龙骨与楼板、墙面的连接方式、固定方式等。一般情况下，顶棚的总剖面图应与顶棚平面图的比例相同，只表现出其总体的凹凸尺度即可。而对于角线、灯槽、窗帘盒等细部，为表达清楚，往往采取局部放大比例的办法，并在被放大的部位用索引符号连贯对应。

为了施工方便，应当尽量用制图语言表达设计造型及细节处理，同时要尽量简化，叙述准确。能压缩的一定要压缩，条理层次清楚即可。

一般情况下，同一项内容的不同位置或不同角度的剖面图要放在同一张图纸上。避免因为图与图之间的距离太远而不宜对应、比较，造成对应错位的局面，影响读图效果。

（1）剖面图画法　剖面图一般画法如下。

1）选定一个比例，根据剖切位置和剖切角度画出墙面或顶面的建筑基础剖面，并以剖面的图例标出。

2）在墙面或顶面剖面上需要装饰的一面，根据施工工艺和材料的特点，依照由内向外的层次顺序，画出所用材料的剖面，并按照由内向外的顺序依次标注清楚。

3）施工构造不同，所用材料之间的构造也不同，有些地方是胶粘连接，有些地方是结构构造连接。要注意装饰面与墙体之间的连接构造方式，如顶棚的构造，门、窗口的构造，各种地板的内部构造，隔声墙面的构造，踢脚线的构造，暖气罩的构造等。

4）根据比例尺标出尺寸。

5）绘制室内局部剖面图。

6）在绘图时，应注意以下事项：

①所用线条的粗细要规范、清晰，因为剖面图线条较为集中，经常会出现并置现象，所以更要注意线条的使用；

②标注要准确、清晰，比例尺要特别注意标注清楚，因为它有可能与其他施工图不同；

③所用材料可以随绘图过程同时标出；

④文字说明与其他图纸相同时可以集中书写；

⑤要有准确的图名，并与其他图纸相对应，同时还要标明其索引代号。

（2）剖面图的识读要点

1）依照图形特点，分清该图形是墙面图还是顶棚图等。根据索引和图名，找出它的具体位置和相应的投影方向。有了明确的剖切位置和剖切投影方向，对于理解剖面图有着重要的作用。

2）对于顶棚剖面图，可以从吊点、吊筋开始，按照主龙骨、次龙骨、基层板与饰面的顺序识读，分析它们各层次的材料与规格及其连接方式，特别要注意凹凸造型的边缘，灯槽、顶棚与墙体的连接工艺，各种结构的转角、收口工艺和细部造型及所用材料的尺寸型号。

3）对于墙身剖面图，可以从墙顶角开始，自上而下地对各装饰结构由里到外地识读，分析各层次的材料、规格和构造形式，分析面层的收口工艺与要求，分析各装饰结构之间的连接和固定方式。

4）根据比例尺，进一步确定各部位形状的大小，以便于施工和下料。

5）对于某些没表达清楚的部位，可以根据索引，找到其对应的局部放大详图。

6）对于识读方法及顺序，每个人有不同的需要和识图习惯，要依需要和识图习惯而定。

5.2.2.4　详图

详图指局部详细图样，由剖面详图、大样图、节点图和断面图4部分组成。它是在平、立、剖面图都无法表示时所采用的一种比例更为放大的图形。

有时详图也可以用局部剖面图代替，但有时为表示清楚，可以从几个不同的方向对所要表现的物体进行投影绘制。

（1）详图的特点

1）大于一般图册中其他图纸的比例详见规范中的要求。

2）有一个甚至几个从不同角度绘制的投影图。

3）有详尽的尺寸标注和明确的文字说明。

4）有准确、严格的索引符号。

（2）详图的绘制与识读　与其他图纸的绘制与识读方法相同，此处不再赘述。

（3）详图绘制注意的问题　详图是着重说明某一部分的施工内容及做法的，需要引起特别注意。它用来表示与普通造型及常规的做法所不同的部分，如工艺技术、造型特点等。所以，详图的作用是引起施工的注意，在绘制详图时应当特别注意以下几点。

1）详图的索引符号应当与详图符号相对应，否则就会造成图纸混乱，分不清图纸间的关系，导致误工。

2）注意比例尺，它住往要把图形放大处理，所以比例尺也要随之改变。同一套图纸不同部位的详图，往往比例尺不同。

3）为了表示清楚，详图自身有一套完整的规范用线，即其自身要保持图面的完整。详图中所用线条的粗细往往不太合适常规图。所以在绘制和识读详图时，要特别注意其自身的用线规范，以体现出详图的完整性。

（4）剖面详图

1）剖面详图的主要表现内容　剖面详图的设计主要反映出装修细部的材料使用、安装结构、施工工艺和尺寸。

2）剖面详图要达到的目的　通过对剖面详图的设计和对装修细部材料的使用、安装结构和施工工艺进行分析，达到满足设计要求、符合施工工艺及最佳施工经济成本的目的。图纸应作为控制施工质量、指导施工作业的依据。

3）剖面详图的绘制依据　绘制剖面详图的依据是建筑装修工程相关的标准、规范、做法和室内设计中要求详尽反映的内容。

4）剖面详图的绘制　一般来说，在家具平面图、顶棚平面图、立面展开图设计时，对需要进一步详细说明的部位标注索引。剖面详图有反映安装结构的，它表达的是安装基础—装修结构—装修基层—装修饰面的结构关系，如墙裙板、门套、干挂石墙等；有反映构件之间关系的，它表达的是构件与构件的关系，如石材的对拼、角线的安装等；有反映细部做法的，它表达的是细部的加工做法，如木线的线型、楼梯阶嘴的做法等。为了使剖面详图表达清晰，一般采用（1∶1）～（1∶10）的比例绘制。

在室内设计工程制图中，为了更直观地反映物体的造型、结构、安装等关系，经常会用到轴测图。因为它除了能直观地反映物体的形状外，还能反映物体的真实尺寸，符合工程施工和工程交流的需要。

绘制剖面详图必须要熟悉相关的工法、材料、工艺等，掌握施工和生产的过程，培养综合的设计能力。运用标准的、专业的图形符号把图样详尽清晰地表达出来。

在绘制剖面详图时，通过深化设计会发现某些做法存在安装技术上的困难或某些尺寸必须加以调整。这时应追溯到前期的设计图并加以调整。

5）剖面详图的标注　注重安装尺寸和细部尺寸的标注，是生产和施工的重要依据。它主要是反映大样的构造、工艺尺寸、细部尺寸等，对大样要求的材料、工艺要加以详尽的说明。标注必须清晰、准确，符合读图和施工的顺序。尺寸的标注应充分考虑到现场施工及有关工艺要求。

标注的内容包括尺寸标注、符号标注、文字标注。①尺寸标注　构造尺寸、定位尺寸、结构尺寸、细部尺寸、工艺尺寸等。②符号标注　剖面符号、索引符号等。③文字标注　标注所有安装材料的名称及规格、施工工艺要求、关键尺寸的控制、安装尺寸的调整等。

（5）大样图　大样图是指局部放大比例的图样，其绘制要求如下：

1）局部详细的大比例样图；

2）注明详细尺寸；

3）注明所需的节点剖切索引号；

4）注明具体的材料编号及说明；

5）注明详图号及比例。比例一般有 1：1、1：2、1：5、1：10 四种。

（6）节点图　节点图是指反映某一局部的施工构造切面的图（图5-25），其绘制要求如下：

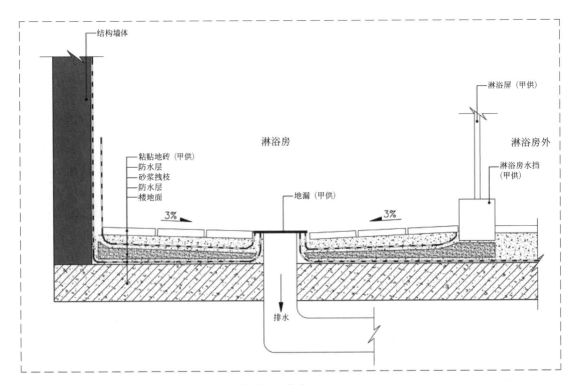

图 5-25　节点图

1）详细表达出被切截面从结构体至面饰层的施工构造连接方法及相互关系；

2）表达出紧固件的具体图形与实际比例尺寸；

3）表达出详细的面饰层造型、材料编号及说明；

4）表示出各断面构造内的材料图例、编号说明及工艺要求；

5）表达出详细的施工尺寸；

6）注明有关施工所需的要求；

7）表达出墙体粉刷线及墙体材质图例；

8）注明节点详图号及比例。

（7）断面图　断面图是指由剖立面、立面图中引出的自上而下贯穿整个剖切线与被剖物体相交得到的图形。室内详图应画出构件间的连接方式，并注全相应的尺寸。断面图的绘制要求如下：

1）表达出由顶至地连贯的整个被剖截面造型；

2）表达出由结构至面饰层的施工构造方法及连接关系；

3）从断面图中引出需要进一步放大的节点详图，并标有索引编号；

4）表达出结构体、断面构造层及饰面层的材料图例、编号及说明；

5）表达出断面图所需的尺寸深度；

6）注明有关施工所需的要求；

7）注明断面图号及比例。

5.2.3　水电图绘制

5.2.3.1　电气工程施工图

插座定位图是电气工程图中反映各种强弱电插座安装位置的图样（图5-26）。

（1）电气施工图的内容　电气平面图是电气安装的重要依据，它是将同一层内不同高度的电气设备及线路都投影到同一个平面上。建筑电气平面图是设计各楼层或区域的布置图，包括设备符号、线缆走向、安装位置等。由于它是一个平面图，其中的设备元器件等的竖向位置无法体现，只能在说明或图例中标示出来。电气施工图中，各种电气设备是用图例符号来表示的。

（2）插座定位图的绘制步骤及要求

1）取适当比例（常用1∶100、1∶50），绘制轴线网。

2）用细实线绘制墙体（柱）、门窗、楼梯、台阶等主要构配件。

3）标注照明平面图的轴线尺寸、各房间楼地面标高、导线的根数。

4）绘制进户线的引入方式及注写文字说明。

5）确定设备安装位置，线路敷设部位，敷设方法，所用导线的型号、规格及数量。

6）布置插座的位置，绘制各种类型插座的图例。

7）绘制电信及电视线的引入、安装位置及图例，注明敷设方式。

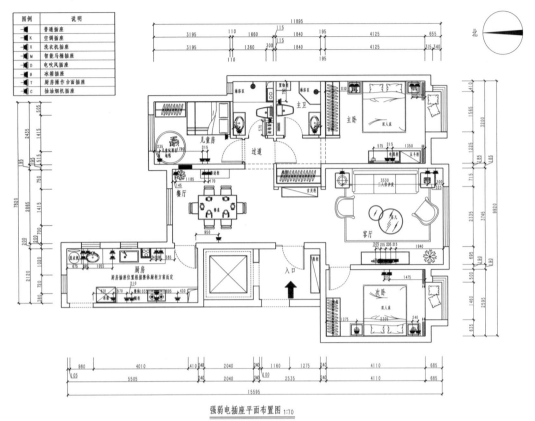

强弱电插座平面布置图 1:70

图 5-26　插座定位图

5.2.3.2　照明控制图

照明控制图是电气工程图中反映各种灯具、设备等安装位置及开关和布线的图样。

照明控制图的绘制步骤和要求：

（1）取适当比例（常用 1∶100、1∶50），绘制轴线网。

（2）用细实线绘制墙体（柱）、门窗、楼梯、台阶等主要构配件。

（3）绘制配电箱图例及各回路的路径。

（4）布置灯具和开关的位置，绘制灯具和开关的图例。

（5）标注照明平面图的尺寸、各房间楼地面标高、导线的根数。

（6）灯具要求以及其他有关的文字说明。

5.2.3.3　给水排水施工图

给水施工图是反映冷热水和设备等安装位置以及水路布线的图样（图 5-27）。

给水施工图绘图步骤和要求如下。

（1）采用的比例可与建筑平面图相同，也可根据需要将比例放大绘制，尺寸一定要与建筑平面图相同。

（2）各层的卫生设备用宽度 $b/2$ 的中实线直接抄绘到平面图上，不标注尺寸，如果有特殊要求则可标注安装时的定位尺寸。

（3）绘制平面布置图中的管道，热水与冷水的进水阀用不同的图例表示，热水管与冷水管也用不同的线宽或虚实线表示。

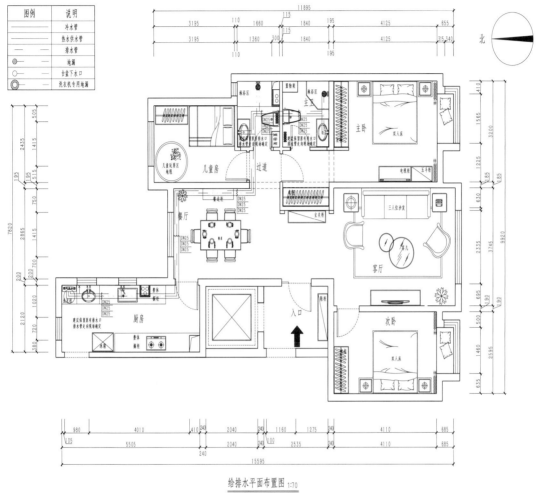

给排水平面布置图 1:70

注：请依照此图纸施工，如有变更，请及时联系水电设计师。

图 5-27　给排水平面布置图

5.3　任务实施

5.3.1　工程概况

（1）工程地址　某五居室。

（2）户型　五室两厅一厨三卫。

（3）建筑面积　221m²，套内面积：205m²，装饰面积：937.16m²。

（4）建筑层数　16层。

（5）设计师姓名　欧彩霞。

（6）客户需求　客户喜欢新中式装饰的轻松自然，多考虑餐厅和厨房，好收拾，好储藏，家具以深色为主，要求设计中能够传达"家中有景，景中有家"的温馨风格。新中式风格是中式元素与现代材质结合的一种风格，也是目前住宅中装修最流行的风格之一，新中式风格更多地体现空间层次感。

（7）设计范围　本案设计内容为全案设计，包括结构设计、顶棚、地面、平面、水电路图、立面索引、节点大样及主材的选择搭配，后期施工的节点交底、工地跟进，工地问题的协调沟通。

（8）功能说明　本案的设计内容为全案设计，包括整体结构空间的合理化调整，及每个空间的具体功能分析，整套图纸内容包括测量图，结构设计，顶棚，灯位插座，地面等平面图、立面图及节点大样。

5.3.2　实训任务

通过居住空间施工图的深化绘制，进一步了解一套完整建筑装饰施工图的组成；了解居住空间施工图所表达的内容；掌握居住空间施工图的绘图要点。

（1）根据本项目提供的住宅原始量房尺寸图、原始机电（排水）位置示意图、拆除墙体位置图、新建墙体位置图、平面家具布置图、顶棚布置图、地面装饰布置图，按照施工图制图要求，深入绘制居住空间施工图。

（2）按照顺序进行图纸绘制：照明及开关控制布置图、强/弱电插座布置及开关位置图、给排水（位置）布置图、立面索引图、厨房、洗手间、主卫、次卫、客厅、餐厅各立面图以及其他节点图。

附录一

综合实训

1 实训目的

本综合实训以完整的居住空间室内设计工作流程为载体，以岗位能力考核为手段，检验学生综合运用《居住空间室内设计》及前续专业基础课程所学的基础与专业知识，进一步提高学生对室内设计的程序、原则和理念的全面认识，培养学生的沟通表达能力、团队协作能力和自主创新能力，同时培养学生的设计表现和施工图绘制能力，在实训过程中同时也促进学生对装饰材料、施工及预算的学习能力，真正实现以职业胜任为目标。

1.1 工作流程一：分析客户需求

通过与真实客户（模拟）沟通洽谈，了解其家庭状况和住宅的实际情况，针对客户需求展开详细分析，形成客户信息及需求分析表。

1.1.1 客户信息与需求分析

通过与客户进行前期沟通，需要掌握的客户信息主要包括：①客户的家庭构成情况（家庭成员信息）；②客户的职业特点（教育背景与收入）；③客户的生活方式（习惯与偏好）；④客户的想法与基本要求（重点掌握特殊需求）。

将以上所收集的客户信息进行列表分析，并抓住主要信息作为设计定位依据，如①功能空间类型划分；②设计风格的定位；③客户的预算等。

需提交的成果：客户信息登记与需求分析表（PDF 文档）。

1.1.2 真实项目的现场勘察（或命题项目的虚拟量房）

真实项目现场勘查的内容包括居住空间内部的建筑构造和周边环境两个方面，并将实地勘查的情况客观详细的记录于原始建筑图中。居住空间内部的建筑构造包括：现场详细尺寸，重点包括梁柱所在的位置及相互关系，承重墙和非承重墙的位置及关系，电、水、气、暖等设施的规格、位置和走向等。居室的周边环境包括：居室所在地理位置、气候条件、地形、居室与周围建筑的关系等。

需提交的成果：居住空间原始量房记录及现场照片（PDF 文档）。

注：命题项目见《居住空间设计施工图集》(高华锋主编) 中实训案例。

1.2　工作流程二：开展市场调研

针对客户需求分析，开展广泛的市场调研，真正了解装饰市场现状与发展趋势，从装饰材料（家具、配饰）市场、设计风格、造价等方面形成调研报告。

1.2.1　开展装饰材料市场调研，形成调研报告

对学校所在地的各大室内装饰材料市场、家具（配饰）市场开展调研，要求掌握当地居住空间常用装饰材料，按照居住空间施工工种所涉及的材料归类，要求每一类材料按照高、中、低三个档次列举品牌，具体为水电工涉及的材料、砖瓦工涉及的材料、木工涉及的材料、油漆工涉及的材料以及其他家具陈设、电器等。

需提交的成果：调研报告（PPT）及材料样品。

1.2.2　对客户需求的设计风格（流派）进行深入剖析

综合客户要求和现场实际情况进行设计风格定位，主要围绕室内设计风格及流派在现实生活中的应用，详细阐述该设计风格的起源时间、地点、特点、代表人物及代表作、在现实生活中的应用等，收集文字及图片资料，制作 PPT。

需提交的成果：室内设计风格报告（PPT）。

1.3　工作流程三：完成项目设计

综合运用设计原理与设计规范，提高全面处理室内空间功能、结构、经济、设备、构造及艺术风格问题的能力，培养独立工作和多人协作的能力。

1.3.1　进行方案构思，作出初步设计方案

①了解居住空间应满足的功能需要，并分析各功能空间的特点。

②分析室内原型空间及已有的条件，确定主要功能区的大体位置，并进行功能分区，并画出功能分析图。

③针对居住功能，合理安排各功能区交通流线，并画出交通流线图。

④分析各功能空间应满足的功能需要，对各功能区进行内部规划。

⑤按已划分的功能区布置合适的家具。

需提交的成果：手绘图纸（PDF 文档）。

1.3.2　修改并确定方案，进行方案深入完善

①进行总平面图深入完善，考虑人体工学在设计中应用。

②根据总平面图进行地面铺砖设计和顶棚设计，要求与总平面图相协调。

③研究立面造型，推敲立面细部，要求满足功能和装饰艺术需要，并与顶棚和平面要相协调。

④考虑室内艺术功能需要，合理布置装饰陈设、绿化等。

需提交的成果：图纸（DWG）。

1.4　工作流程四：交流设计方案

综合已完成的设计方案，将设计手稿、图纸、效果表现图（或示意图），同时结合室内设计原理和规律，制定具有一定深度的设计方案文字论述，进一步提高室内理论水平和撰写设计说明的能力。然后，用设计说明表述方案，与客户沟通并利用口头形式表述方案，将自己的设计意图，设计效果告知客户，以得到客户的认可与赞同，培养介绍设计构思的语言思辨及综合表达的能力。

需提交的成果：设计说明（PDF 文档或 PPT）。

1.5　工作流程五：深化设计表现

通过回顾前期所学，在设计方案的基础上深化形成设计表现图、施工图，培养独立完成工程方案表现及技术设计图纸的能力。

① Autocad 软件绘制建模尺寸图。

② 3dsmax 建模 +Lightscape 渲染 +Photoshop 后期处理（也可用 SketchUp 软件）。

③ VDP 制作虚拟现实场景。

需提交的成果：施工图（DWG）、效果图（3D、VDP），形成成果册。成果册包括：封面、图纸目录、设计说明、设计效果图、原始结构图、墙体改造图、平面布置图、地面铺装图、天棚平面图（含尺寸及标高）、主要装饰立面图（电视墙、背景墙及厨房卫生间墙面）、对应的剖面图与大样图等、封底。

1.6　工作流程六：实现施工演练

利用已完成的施工图，编制预算，进行施工组织设计。

需提交的成果：预算及施工组织设计（PDF 文档）。

附录二

客户交流记录单

客户姓名：

性　　别：□男 □女

职　　业：□机关干部　　□企业员工　　□教师　　□公司职员
　　　　　□私营企业　　□公司经理

工程地点：_____省_____市_____区

工程状况：□新建　　□旧房

是否已拿到装修钥匙：□有　□没有

户型面积：_____m²

业务类别：□家装　□公装　□整体装修　□局部装修（客厅、卧室等）

客户喜好：

　　风格方面：□中式 □欧式 □现代 □地中海 □其他

　　色彩方面：□红 □黄 □蓝 □黑 □白

　　材料方面：_____

_____

设计服务项目：_____

_____

客户基本要求：_____

_____

客户特别要求：_____

_____

可能的装修预算：_____万元

装修预算：上限_____万元；下限_____万元

工程金额：_____万元

竣工日期：_____

预定开工日期：_____

保持年限及时效：_____年

房屋现状：

结构形式：□砖混结构　□框架结构　□框架 - 剪力墙结构

楼层：_____层

建造年份：_____年

现状：□优良　　□较好　　□一般

有无渗水：□无　□有

电容量：_____

水管状况：□良好　□一般

空调状况：□无　□有　□良好　□一般

门窗状况：□完好　□基本完好　□其他

完成草图时间：　　年　　月　　日

　　量房时间：　　年　　月　　日

下次见面时间：　　年　　月　　日

客户手机：_____

参考文献

［1］严肃. 室内设计理论与方法［M］. 长春：东北师范大学出版社，2011.

［2］田婧，黄晓瑜. 室内设计与制图［M］. 北京：清华大学出版社，2017.

［3］叶铮. 室内建筑工程制图（修订版）[M］. 北京：中国建筑工业出版社，2018.

［4］杨洁，周红梅. 建筑装饰施工图识读与实训［M］. 北京：机械工业出版社，2016.

［5］霍庆福，钱靓. 居住空间设计［M］. 青岛：中国海洋大学出版社，2014.

［6］严肃. 室内设计理论与方法［M］. 长春：东北师范出版社，2016.

［7］苏丹. 住宅室内设计［M］. 北京：中国建筑工业出版社，1996.

［8］房屋建筑制图统一标准（GB/T 50001—2017）. 北京：中国建筑工业出版社，2018.